21世纪高等学校计算机专业实用系列教材

操作系统实验教程

（Windows+Linux）

◎ 袁宝华 李 宁 顾玉宛 庄丽华 梁久祯 编著

清华大学出版社
北京

内 容 简 介

实验环节一直是"操作系统"课程教学的难点。本书通过实验循序渐进地使读者加深对操作系统工作原理的理解并掌握操作系统的实现方法,同时能够让读者在程序设计方面得到基本的训练。本书的实验内容丰富、实用性强,均是操作系统的基本实验,包括进程管理、进程调度、银行家算法、虚拟存储器管理、设备管理等,分别提供了基于 Windows 和 Linux 操作系统环境下的实验程序示例与注释、运行结果和对实验结果的分析,可操作性强,方便读者实现。

本书可作为应用型本科、高职高专操作系统实验教学的教材,也可以作为相关专业人员学习和研究的指导用书。

本书封面贴有清华大学出版社防伪标签,无标签者不得销售。
版权所有,侵权必究。举报:010-62782989,beiqinquan@tup.tsinghua.edu.cn。

图书在版编目(CIP)数据

操作系统实验教程:Windows+Linux/袁宝华等编著. —北京:清华大学出版社,2023.8
21 世纪高等学校计算机专业实用系列教材
ISBN 978-7-302-63478-2

Ⅰ. ①操… Ⅱ. ①袁… Ⅲ. ①操作系统-高等学校-教材 Ⅳ. ①TP316

中国国家版本馆 CIP 数据核字(2023)第 083643 号

责任编辑:闫红梅　李　燕
封面设计:刘　键
责任校对:李建庄
责任印制:宋　林

出版发行:清华大学出版社
　　　　网　　址:http://www.tup.com.cn,http://www.wqbook.com
　　　　地　　址:北京清华大学学研大厦 A 座　　邮　编:100084
　　　　社 总 机:010-83470000　　邮　购:010-62786544
　　　　投稿与读者服务:010-62776969,c-service@tup.tsinghua.edu.cn
　　　　质量反馈:010-62772015,zhiliang@tup.tsinghua.edu.cn
　　　　课件下载:http://www.tup.com.cn,010-83470236
印 装 者:三河市君旺印务有限公司
经　　销:全国新华书店
开　　本:185mm×260mm　　印　张:11　　字　数:254 千字
版　　次:2023 年 8 月第 1 版　　印　次:2023 年 8 月第 1 次印刷
印　　数:1~1500
定　　价:39.00 元

产品编号:100513-01

前言

操作系统是计算机系统中的核心软件。"操作系统"课程的教学不但需要讲授操作系统的概念、原理与方法，还需要让读者动手进行操作系统的编程实践，只有这样才能够让读者真正理解操作系统的精髓。

编者根据多年的教学实践并参考国内外操作系统方面的有关资料编写了本书，目的是使读者通过实验理解和掌握操作系统的基本原理，提高编写和开发系统程序的能力。

本书采用循序渐进的方式，对实验内容尽量做到具有独立性，并且对每个实验中用到的知识给出了相关的介绍，这样有利于读者通过自学掌握实验教程中的技术和方法。

本书分为两部分：第一部分介绍基于 Windows 环境下的进程管理、进程调度、银行家算法、虚拟存储器管理、设备管理、SPOOLing 技术、文件系统、操作系统接口 8 个实验；第二部分介绍基于 Linux 环境下的进程管理、进程调度、进程间通信、虚拟存储器管理、字符型设备驱动程序、Linux 文件系统调用、shell 程序 7 个实验。附录部分介绍了 Linux 中 C 语言编译器 GCC 的使用、Linux 中 C 语言调试器 GDB 的使用，以及 Visual C++ 集成开发环境。书中给出的程序示例都分别在 Windows 下 Visual C++ 6.0 和 Linux 中经过测试和验证。

本书第 1～4 章由李宁编写；第 5～8 章由顾玉宛编写；第 9～12 章由袁宝华编写；第 13～15 章由庄丽华编写；附录由梁久祯编写。全书由袁宝华统稿。

由于编者水平有限，书中难免有不足之处，敬请读者提出宝贵意见。

编 者
2023 年 2 月

目 录

第一部分 基于 Windows 环境的实验

第 1 章 进程管理 ... 3

1.1 实验目的 ... 3
1.2 实验内容 ... 3
1.3 实验准备 ... 3
    1.3.1 进程 ... 3
    1.3.2 进程控制块 ... 4
    1.3.3 进程的创建与撤销 ... 6
    1.3.4 进程的阻塞与唤醒 ... 7
1.4 程序示例 ... 7
1.5 实验结果 ... 11

第 2 章 进程调度 ... 14

2.1 实验目的 ... 14
2.2 实验内容 ... 14
2.3 实验准备 ... 14
2.4 程序示例 ... 15
2.5 实验结果 ... 21

第 3 章 银行家算法 ... 25

3.1 实验目的 ... 25
3.2 实验内容 ... 25
3.3 实验准备 ... 25
3.4 程序示例 ... 27
3.5 实验结果 ... 30

第 4 章 虚拟存储器管理 ... 31

4.1 实验目的 ... 31

4.2 实验内容 ……………………………………………………………………… 31
4.3 实验准备 ……………………………………………………………………… 32
4.4 程序示例 ……………………………………………………………………… 34
4.5 实验结果 ……………………………………………………………………… 37

第 5 章 设备管理 …………………………………………………………………… 39
5.1 实验目的 ……………………………………………………………………… 39
5.2 实验内容 ……………………………………………………………………… 39
5.3 实验准备 ……………………………………………………………………… 39
5.4 程序示例 ……………………………………………………………………… 40
5.5 实验结果 ……………………………………………………………………… 43

第 6 章 SPOOLing 技术 …………………………………………………………… 45
6.1 实验目的 ……………………………………………………………………… 45
6.2 实验内容 ……………………………………………………………………… 45
6.3 实验准备 ……………………………………………………………………… 45
6.4 程序示例 ……………………………………………………………………… 47
6.5 实验结果 ……………………………………………………………………… 50

第 7 章 文件系统 …………………………………………………………………… 52
7.1 实验目的 ……………………………………………………………………… 52
7.2 实验内容 ……………………………………………………………………… 52
7.3 实验准备 ……………………………………………………………………… 53
7.4 程序示例 ……………………………………………………………………… 53
7.5 实验结果 ……………………………………………………………………… 72

第 8 章 操作系统接口 ……………………………………………………………… 75
8.1 实验目的 ……………………………………………………………………… 75
8.2 实验内容 ……………………………………………………………………… 75
8.3 实验准备 ……………………………………………………………………… 76
8.4 程序示例 ……………………………………………………………………… 78
8.5 实验结果 ……………………………………………………………………… 83

第二部分 基于 Linux 环境的实验

第 9 章 进程管理 …………………………………………………………………… 87
9.1 实验目的 ……………………………………………………………………… 87

9.2 实验内容 ……………………………………………………………… 87
9.3 实验准备 ……………………………………………………………… 87
 9.3.1 进程 ………………………………………………………… 87
 9.3.2 所涉及的系统调用 ………………………………………… 88
9.4 程序示例 ……………………………………………………………… 91
9.5 实验结果 ……………………………………………………………… 92

第 10 章 进程调度 …………………………………………………………… 94

10.1 实验目的 …………………………………………………………… 94
10.2 实验内容 …………………………………………………………… 94
10.3 实验准备 …………………………………………………………… 94
10.4 程序示例 …………………………………………………………… 96

第 11 章 进程间的通信 ……………………………………………………… 99

11.1 实验目的 …………………………………………………………… 99
11.2 实验内容 …………………………………………………………… 99
11.3 实验准备 …………………………………………………………… 99
11.4 程序示例 …………………………………………………………… 103
11.5 实验结果 …………………………………………………………… 105

第 12 章 虚拟存储器管理 …………………………………………………… 107

12.1 实验目的 …………………………………………………………… 107
12.2 实验内容 …………………………………………………………… 107
12.3 实验准备 …………………………………………………………… 108
12.4 程序示例 …………………………………………………………… 109
12.5 实验结果 …………………………………………………………… 114

第 13 章 字符型设备驱动程序 ……………………………………………… 116

13.1 实验目的 …………………………………………………………… 116
13.2 实验内容 …………………………………………………………… 116
13.3 实验准备 …………………………………………………………… 116
13.4 程序示例 …………………………………………………………… 118
13.5 实验结果 …………………………………………………………… 119

第 14 章 Linux 文件系统调用 ……………………………………………… 122

14.1 实验目的 …………………………………………………………… 122
14.2 实验内容 …………………………………………………………… 122
14.3 实验准备 …………………………………………………………… 122

	14.4 程序示例	123
	14.5 实验结果	125

第 15 章 shell 程序 ... 128

  15.1 实验目的 ... 128
  15.2 实验内容 ... 128
  15.3 实验准备 ... 128
  15.4 程序示例 ... 141
  15.5 实验结果 ... 143

附录 A　Linux 中 C 语言编译器 GCC 的使用 ... 144

  A.1 实验目的 ... 144
  A.2 实验内容 ... 144
  A.3 实验准备 ... 144
  A.4 程序示例 ... 148
  A.5 实验结果 ... 148

附录 B　Linux 中 C 语言调试器 GDB 的使用 ... 149

  B.1 实验目的 ... 149
  B.2 实验内容 ... 149
  B.3 实验准备 ... 149
  B.4 程序示例 ... 152
  B.5 实验结果 ... 153

附录 C　Visual C++ 集成开发环境 ... 156

  C.1 开发环境 ... 156
  C.2 IDE 菜单介绍 ... 157
  C.3 项目工作区 ... 162
  C.4 窗口控制台程序的创建 ... 164

参考文献 ... 166

第一部分
基于Windows环境的实验

第1章　进程管理

1.1　实验目的

(1) 理解进程的概念，明确进程和程序的区别。
(2) 理解并发执行的实质。
(3) 掌握进程的创建、睡眠、撤销等进程控制方法。

1.2　实验内容

用 C 语言编写程序，模拟实现创建新的进程，查看运行进程，换出某个进程，"杀死"运行进程等功能。

1.3　实验准备

1.3.1　进程

1. 进程的含义

进程是程序在一个数据集合上的运行过程，是系统资源分配和调度的一个独立单位。一个程序在不同的数据集合上运行，乃至一个程序在相同数据集合上的多次运行都是不同的进程。

2. 进程的状态

通常一个进程必须具有就绪、执行和阻塞 3 种基本状态。

1) 就绪状态

当进程已分配到除处理器(CPU)以外的所有必要资源后，只要再获得处理器就可以立即执行，这时进程的状态称为就绪状态。在一个系统中可以有多个进程同时处于就绪状态，通常把这些处于就绪状态的进程排成一个或多个队列，称其为就绪队列。

2) 执行状态

处于就绪状态的进程一旦获得了处理器，就可以运行，此时的进程也就处于执行状态。在单处理器系统中只能有一个进程处于执行状态；在多处理器系统中则可能有多个进程处于执行状态。

3) 阻塞状态

正在执行的进程因为发生某些事件（如请求输入输出、申请额外空间等）而暂停运行，这种因受阻而暂停的状态称为阻塞状态，也可以称其为等待状态。通常将处于阻塞状态的进程排成一个队列，称其为阻塞队列。在有些系统中也会按阻塞原因的不同将处于阻塞状态的进程排成多个队列。

除了进程的 3 种基本状态外，在很多系统中为了更好地描述进程的状态变化，又增加了两种状态：新状态和终止状态。

1) 新状态

当一个新进程刚刚建立时，还未将其放入就绪队列的状态称为新状态。例如，一个人刚开始接受教育，此时就可以称其处于新状态。

2) 终止状态

当一个进程已经正常结束或异常结束时，操作系统已将其从系统队列中移出，但尚未撤销的状态称为终止状态。

3. 进程状态之间的转换

进程状态之间的转换如图 1-1 所示。

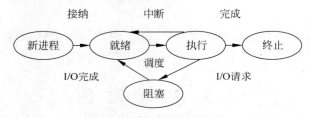

图 1-1　进程状态间的转换

1.3.2　进程控制块

1. 进程控制块的作用

进程控制块是构成进程实体的重要组成部分，是操作系统中最重要的记录型数据，在进程控制块 PCB 中记录了操作系统所需要的、用于描述进程情况及控制进程运行所需要的全部信息。通过 PCB 能够使原来不能独立运行的程序（数据）成为一个可以独立运行的基本单位，一个能够并发执行的进程。换句话说，在进程的整个生命周期中，操作系统都要通过进程的 PCB 来对并发执行的进程进行管理和控制，进程控制块是系统对进程控制采用的数据结构，系统是根据进程的 PCB 而感知进程是否存在。所以，进程控制块是进程存在的唯一标志。当系统创建一个新进程时，就要为它建立一个 PCB；进程结束时，系统又回收其 PCB，进程也随之消亡。

2. 进程控制块的内容

进程控制块主要包括下述四个方面的信息。

1) 进程标识符

进程标识符用于标识一个进程，通常有外部标识符和内部标识符两种。

(1) 外部标识符。

外部标识符由进程创建者命名，通常是由字母和数字所组成的一个字符串，在用户（进程）访问该进程时使用。外部标识符都便于记忆，如计算进程、打印进程、发送进程、接收进程等。

(2) 内部标识符。

内部标识符是为方便系统使用而设置的，操作系统为每一个进程赋予唯一的一个整数作为内部标识符。它通常就是一个进程的序号。

2) 说明信息（进程调度信息）

说明信息是有关进程状态等一些与进程调度有关的信息，包括以下几点。

(1) 进程状态。

进程状态用于指明进程当前的状态，是进程调度和对换时的依据。

(2) 进程优先权。

进程优先权用于描述进程使用处理器的优先级别，它通常是一个整数，优先权高的进程将可以优先获得处理器。

(3) 进程调度所需的其他信息。

进程调度所需的其他信息与所采用的进程调度算法有关，如进程等待时间、进程已执行时间等。

(4) 阻塞事件。

阻塞事件是指进程由执行状态转换为阻塞状态时所等待发生的事件。

3) 现场信息（处理器状态信息）

现场信息用于保留进程存放在处理器中的各种信息，主要由处理器内的各个寄存器的内容组成，尤其是当执行中的进程暂停时，这些寄存器内的信息将被保存在 PCB 里，当该进程重新执行时，能从上次停止的地方继续执行。

(1) 通用寄存器。

通用寄存器中的内容可以被用户程序访问，用于暂存信息。

(2) 指令计数器。

指令计数器用于存放要访问的下一条指令的地址。

(3) 程序状态字。

程序状态字用于保存当前处理器状态的信息，如执行方式、中断屏蔽标志等。

(4) 用户栈指针。

每个用户进程都有一个或若干与之相关的关系栈，用于存放过程和系统调用参数及调用地址，栈指针指向堆栈的栈顶。

4) 管理信息（进程控制信息）

(1) 程序和数据的地址。

程序和数据的地址是指该进程再次执行时，能够根据地址找到程序和数据。

(2) 进程同步和通信机制。

进程同步和通信机制是指实现进程同步和进程通信时所采用的机制及实现该过程中创建的指针和信号量等。

(3) 资源清单。

资源清单中存放除 CPU 以外进程所需的全部资源和已经分配到的资源。

(4) 链接指针。

链接指针指向该进程所在队列的下一个进程的 PCB 的首地址。

3. 进程控制块的组织方式

在一个系统中,通常拥有数十个、数百个乃至数千个 PCB,为了能对它们进行有效的管理,就必须通过适当的方式将它们组织起来,目前常用的组织方式有链接方式和索引方式两种。

1) 链接方式

系统把具有相同状态的 PCB 用链接指针链接成队列,如就绪队列、阻塞队列和空闲队列等。就绪队列中的 PCB 将按照相应的进程调度算法进行排序。而阻塞队列也可以根据阻塞原因的不同,将处于阻塞状态的进程的 PCB 排成等待 I/O 队列、等待主存队列等多个队列。此外,系统主存的 PCB 区中空闲的空间将排成空闲队列,以方便进行 PCB 的分配与回收。

2) 索引方式

系统根据各个进程的状态建立不同的索引表,如就绪索引表、阻塞索引表等。系统会将各个索引表在主存中的首地址记录在主存中的专用单元里,首地址也称为表指针。在每个索引表的表目中记录着具有相同状态的各个 PCB 在表中的地址。

4. 进程控制的原语

原语是指具有特定功能的不可被中断的过程,主要用于实现操作系统的一些专门控制操作。用于进程控制的原语有创建原语、撤销原语、阻塞原语和唤醒原语。

1) 创建原语

创建原语用于为一个进程分配工作区和建立 PCB,该进程为就绪状态。

2) 撤销原语

撤销原语用于在一个进程工作完后,收回它的工作区和 PCB。

3) 阻塞原语

阻塞原语用于进程在运行过程中发生等待事件时,把进程的状态改为阻塞状态。

4) 唤醒原语

唤醒原语用于当进程等待的事件结束时,把进程的状态改为就绪状态。

1.3.3 进程的创建与撤销

1. 进程的创建

一旦操作系统发现了要求创建进程的事件后,便调用进程创建原语按下列步骤创建一个新进程。

(1) 为新进程分配唯一的进程标识符,并从 PCB 队列中申请一个空闲 PCB。

(2) 为新进程的程序和数据及用户栈分配相应的主存空间及其他必要分配资源。

(3) 初始化 PCB 中的相应信息,如标识信息、处理器信息、进程控制信息等。

(4) 如果就绪队列可以接纳新进程,便将新进程加入就绪队列中。

2. 进程的撤销

一旦操作系统发现了要求终止进程的事件后,便调用进程终止原语按下列步骤终止指定的进程。

(1) 根据被终止进程的标识符,从 PCB 集合中检索该进程的 PCB,读出进程状态。
(2) 若该进程处于执行状态,则立即终止该进程的执行。
(3) 若该进程有子孙进程,还要将其子孙进程终止。
(4) 将该进程所占用的资源回收,归还给其父进程或操作系统。
(5) 将被终止进程的 PCB 从所在队列中移出,并撤销该进程的 PCB。

1.3.4 进程的阻塞与唤醒

1. 进程的阻塞

一旦操作系统发现了要求阻塞进程的事件后,便调用进程阻塞原语按下列步骤阻塞指定的进程。

(1) 立即停止执行该进程。
(2) 修改进程控制块中的相关信息。将进程控制块中的运行状态由"执行"状态改为"阻塞"状态,并填入等待的原因及进程的各种状态信息。
(3) 根据阻塞队列的组织方式把进程控制块插入阻塞队列中。
(4) 待调度程序重新调度,运行就绪队列中的其他进程。

2. 进程的唤醒

一旦操作系统发现了要求唤醒进程的事件后,便调用进程唤醒原语按下列步骤唤醒指定的进程。

(1) 从阻塞队列中找到该进程。
(2) 修改该进程控制块的相关信息。将阻塞状态改为就绪状态、删除等待原因等。
(3) 把进程控制块插入就绪队列中。
(4) 按照就绪队列的组织方式把被唤醒的进程的进程控制块插入就绪队列中。

1.4 程序示例

```c
#include <stdio.h>
#include <stdlib.h>
#include <string.h>
struct jincheng_type{
    int pid;
    int youxian;
    int daxiao;
    int zhuangtai;          //标志进程状态,0 为不在内存,1 为在内存,3 为挂起
    char info[10];
};
struct jincheng_type neicun[20];
int shumu = 0, guaqi = 0, pid, flag = 0;
```

```c
void create(){
    if(shumu >= 20) printf("\n内存已满,请先换出或"杀死"进程\n");
    else{
        for(int i = 0;i < 20;i++)
            //定位,找到还未创建的进程
            if(neicun[i].zhuangtai == 0) break;
        printf("\n请输入新进程pid\n");
        scanf(" %d",&(neicun[i].pid));
        for(int j = 0;j < i;j++)
            if(neicun[i].pid == neicun[j].pid){
                printf("\n该进程已存在\n");
                return;
            }
        printf("\n请输入新进程的优先级\n");
        scanf(" %d",&(neicun[i].youxian));
        printf("\n请输入新进程的大小\n");
        scanf(" %d",&(neicun[i].daxiao));
        printf("\n请输入新进程的内容\n");
        scanf(" %s",&(neicun[i].info));
        //创建进程,使标记位为1
        neicun[i].zhuangtai = 1;
        shumu++;
    }
}
void run(){
    for(int i = 0;i < 20;i++){
        if(neicun[i].zhuangtai == 1){
            //输出运行进程的各个属性值
            printf("\n pid = %d",neicun[i].pid);
            printf("   youxian = %d",neicun[i].youxian);
            printf("   daxiao = %d",neicun[i].daxiao);
            printf("   zhuangtai = %d",neicun[i].zhuangtai);
            printf("   info = %s",neicun[i].info);
            flag = 1;
        }
    }
    if(!flag) printf("\n当前没有运行进程\n");
}
void huanchu(){
    if(!shumu){
        printf("当前没有运行进程\n");
        return;
    }
    printf("\n输入换出进程的ID值");
    scanf(" %d",&pid);
    for(int i = 0;i < 20;i++){
        //定位,找到所要换出的进程,根据其状态进行相应处理
        if(pid == neicun[i].pid){
```

```c
            if(neicun[i].zhuangtai == 1){
                neicun[i].zhuangtai = 2;
                guaqi++;
                printf("\n已经成功换出进程\n");
            }
            else if(neicun[i].zhuangtai == 0) printf("\n要换出的进程不存在\n");
            else printf("\n要换出的进程已被挂起\n");
            flag = 1;
            break;
        }
    }
    //找不到,则说明进程不存在
    if(flag == 0) printf("\n要换出的进程不存在\n");
}
void kill(){
    if(!shumu){
        printf("当前没有运行进程\n");
        return;
    }
    printf("\n输入"杀死"进程的ID值");
    scanf("%d",&pid);
    for(int i = 0;i < 20;i++){
        //定位,找到所要"杀死"的进程,根据其状态进行相应处理
        if(pid == neicun[i].pid){
            if(neicun[i].zhuangtai == 1){
                neicun[i].zhuangtai = 0;
                shumu -- ;
                printf("\n已成功"杀死"进程\n");
            }
            else if(neicun[i].zhuangtai == 0) printf("\n要"杀死"的进程不存在\n");
            else printf("\n要"杀死"的进程已被挂起\n");
            flag = 1;
            break;
        }
    }
    //找不到,则说明进程不存在
    if(!flag) printf("\n要"杀死"的进程不存在\n");
}
void huanxing(){
    if(!shumu){
        printf("当前没有运行进程\n");
        return;
    }
    if(!guaqi){
        printf("\n当前没有挂起进程\n");
        return;
    }
    printf("\n输入pid:\n");
```

```c
        scanf("%d",&pid);
        for(int i = 0;i < 20;i++){
            //定位,找到所要"杀死"的进程,根据其状态进行相应处理
            if(pid == neicun[i].pid){
                flag = false;
                if(neicun[i].zhuangtai == 2){
                    neicun[i].zhuangtai = 1;
                    guaqi --;
                    printf("\n已经成功唤醒进程\n");
                }
                else if(neicun[i].zhuangtai == 0)printf("\n要唤醒的进程不存在\n");
                else printf("\n要唤醒的进程已被挂起\n");
                break;
            }
        }
        //找不到,则说明进程不存在
        if(flag) printf("\n要唤醒的进程不存在\n");
}
void main(){
    int n = 1;
    int num;
    //一开始所有进程都不在内存中
    for(int i = 0;i < 20;i++)
        neicun[i].zhuangtai = 0;
    while(n){
        printf("\n*******************************************");
        printf("\n*                进程演示系统              *");
        printf("\n*******************************************");
        printf("\n      1.创建新的进程      2.查看运行进程     ");
        printf("\n      3.换出某个进程      4."杀死"运行进程   ");
        printf("\n      5.唤醒某个进程      6.退出系统         ");
        printf("\n*******************************************");
        printf("\n请选择(1~6)\n");
        scanf("%d",&num);
        switch(num){
            case 1: create();break;
            case 2: run();break;
            case 3: huanchu();break;
            case 4: kill();break;
            case 5: huanxing();break;
            case 6: exit(0);
            default: n = 0;
        }
        flag = 0;                                //恢复标记
    }
}
```

1.5 实验结果

程序运行后,将出现如图 1-2 所示界面,提供"创建新的进程""查看运行进程"等 6 项功能供用户选择,用户通过在界面输入各个功能所对应的标号选择执行不同的功能。

图 1-2　演示系统界面

在界面中输入 1,选择"创建新的进程"功能,按照系统提示,依次输入新建进程的 pid "进程优先级""进程大小""进程内容"后,系统将创建一个进程,如图 1-3 所示。

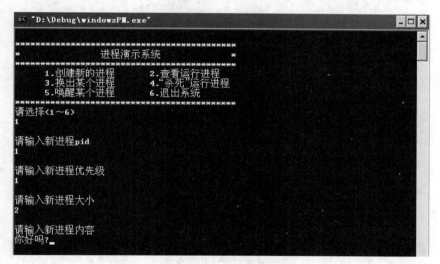

图 1-3　创建新进程

通过在界面中输入 2,选择"查看运行进程"功能,系统将显示目前正在运行的进程及其相关信息,如图 1-4 所示。

通过在界面中输入 3,选择"换出某个进程"功能,并按系统提示输入要换出进程的 pid,如 1 号进程,如图 1-5 所示,如果正确换出该进程,系统将提示"已经成功换出进程"。

通过运行"查看运行进程"功能可以检验该进程是否已被换出,如图 1-6 所示。

通过在界面中输入 5,选择"唤醒运行进程"功能,并按系统提示输入要唤醒的进程的 pid,如前文中换出的 1 号进程。如果正确唤醒进程,系统将提示"已经成功唤醒进程",如图 1-7 所示。

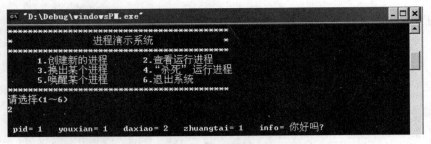

图 1-4 查看运行进程

图 1-5 成功换出 1 号进程

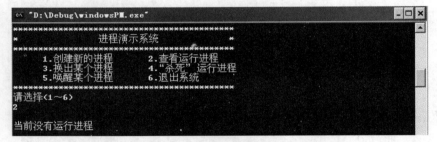

图 1-6 检验是否换出 1 号进程

图 1-7 成功唤醒 1 号进程

可以通过运行"查看运行进程"功能检验是否唤醒该进程,如图 1-8 所示。

图 1-8　检验是否唤醒换出的 1 号进程

通过在界面中输入 4,选择"'杀死'运行进程"功能,并按系统提示输入要"杀死"的进程的 pid,如 1 号进程。如果正确"杀死"进程,系统将提示"已成功'杀死'进程",如图 1-9 所示。

图 1-9　"杀死"1 号进程

可以通过运行"查看运行进程"功能检验是否"杀死"该进程,如图 1-10 所示。

图 1-10　检验是否"杀死"1 号进程

第 2 章　进程调度

2.1　实　验　目　的

（1）理解进程控制块、进程队列的有关概念。
（2）掌握进程优先权调度算法和时间片轮转调度算法的处理逻辑。

2.2　实　验　内　容

（1）设计进程控制块（PCB）的表结构，分别适用于优先权调度算法和时间片轮转调度算法。
（2）建立进程就绪队列；对两种不同算法编制子程序。
（3）编制两种进程调度算法：①优先权调度；②时间片轮转调度。

2.3　实　验　准　备

1. 优先权调度算法

为了让紧迫型进程获得优先处理权，引入了优先权调度算法。它从就绪队列中选择一个优先权最高的进程，让其获得处理器并执行。这时，又进一步把该算法分为以下两种方式。

1）非抢占式优先权调度算法

在非抢占式优先权调度算法方式下，系统一旦把处理器分配给就绪队列中优先权最高的进程后，该进程就占有处理器一直运行下去，直到该进程结束或因发生事件而阻塞才退出处理器。这时系统才能将处理器分配给另一个优先权高的进程。这种方式实际上是每次将处理器分配给当前就绪队列中优先权最高的进程。此方式常用于批处理系统中，也可用于某些对时间要求不严格的实时系统中。

2）抢占式优先权调度算法

在抢占式优先权调度算法方式下，系统同样把处理器分配给当前就绪队列中优先权最高的进程，使之执行。但在其执行期间仍然不断有新的就绪进程进入就绪队列，如果出现某个进程的优先权比当前正在执行的进程的优先权时，进程调度程序就会立即暂停当前进程而将处理器收回，并将处理器分配给新出现的优先权更高的进程，让其执行。这种方式实际上永远都是系统中优先权最高的进程占用处理器执行。因此，此方式能更好地满足紧迫进程的要求,故常用于要求比较严格的实时系统中,以及对性能要求较高的批处理和分时系统中。

对于优先权调度算法,其关键在于采用静态优先权还是动态优先权,以及如何确定进程的优先权。

1) 静态优先权

静态优先权是在创建进程时确定的,并且规定它在进程的整个运行期间保持不变。一般来说,优先权是用某个范围内的一个整数来表示的,如 0～7 或 0～255 中的某个整数,所以又称其为优先数。在使用时,有的系统用"0"表示最高优先权,数值越大优先权越小,而有的系统则恰恰相反。

2) 动态优先权

动态优先权要配合抢占式优先权调度算法使用,它是指在创建进程时所赋予的优先权,可以随着进程的推进而发生改变,以便获得更好的调度性能。在就绪队列中等待调度的进程可以随着其等待时间的增加,其优先权也以某个速率增加。因此,对于优先权初值很低的进程,在等待足够长的时间后,其优先权也可能升为最高,从而获得调度,占用处理器并执行。同样规定正在执行的进程的优先权将随着执行时间的增加而逐渐降低,使其优先权可能不再是最高,从而暂停其执行,将处理器回收并分配给其他优先权更高的进程。这种方式能避免一个长进程长期占用处理器的现象发生。

2. 时间片轮转调度算法

在分时系统中,为了保证人机交互的及时性,系统使每个进程依次按时间片方式轮流地执行,即时间片轮转调度算法。在该算法中,系统首先将所有的就绪进程按进入就绪队列的先后次序排列。每次调度时把处理器分配给队首进程,让其执行一个时间片,当时间片用完,由计时器发出时钟中断,调度程序则暂停该进程的执行,使其退出处理器,并将它送到就绪队列的末尾,等待下一轮调度执行。然后,把处理器分配给就绪队列中新的队首进程,同时也让它执行一个时间片。这样就可以保证就绪队列中的所有进程,在一定的时间(可接受的等待时间)内,均能获得一个时间片的执行时间。

在时间片轮转调度算法中,时间片的大小对系统的性能有很大影响。如果时间片太大,大到每个进程都能在一个时间片内执行结束,则时间片轮转调度算法退化为 FIFO 调度算法,用户将不能获得满意的响应时间。若时间片过小,连用户输入的简单的常用命令都要花费多个时间片,那么系统将频繁地进行进程的切换,同样难以满足用户对响应时间的要求。

2.4 程序示例

(1) 本程序用两种算法对 5 个进程进行调度,每个进程可有 3 种状态,并假设初始状态为就绪状态。

(2) 为了便于处理,程序中的某进程运行时间以时间片为单位计算。各进程的优先数或轮转时间数以及进程需运行的时间片数的初始值均由用户给定。

(3) 在优先权调度算法中,优先数可以先取值为 50,进程每执行一次,优先数减 3,

CPU 时间片数加 1,进程还需要的时间片数减 1。在时间片轮转调度算法中,采用固定时间片(即每执行一次进程,该进程的执行时间片数为已执行了 2 个单位),这时,CPU 时间片数加 2,进程还需要的时间片数减 2,并排列到就绪队列的末尾。

(4) 对于进程优先数相同的情况,采用 FIFO 策略解决。

```
#include<stdio.h>
#include<dos.h>
#include<stdlib.h>
#include<conio.h>
#include<iostream.h>
#include<windows.h>
#define P_NUM 5
#define P_TIME 50

enum state{
    ready,
    execute,
    block,
    finish
};    //定义进程状态
struct pcb{
    char name[4];              //进程名
    int priority;              //优先数
    int cputime;               //CPU 运行时间
    int needtime;              //进程运行所需时间
    int count;                 //进程执行次数
    int round;                 //时间片轮转轮次
    state process;             //进程状态
    pcb * next;
};    //定义 PCB

pcb * get_process(){
    pcb * q;
    pcb * t;
    pcb * p;
    int i = 0;
    cout<<"input name and time"<<endl;
    while (i<P_NUM){
        q = (struct pcb * )malloc(sizeof(pcb));
        cin>>q->name;
        cin>>q->needtime;
        q->cputime = 0;
        q->priority = P_TIME - q->needtime;
        q->process = ready;
        q->next = NULL;
        if (i==0){
            p = q;
```

```
                t = q;
            }
            else{
                t -> next = q;                    //创建就绪进程队列
                t = q;
            }
            i++;
    }   //while
    return p;
}   //输入模拟测试的进程名和执行所需时间,初始设置可模拟 5 个进程的调度
void   display(pcb * p){
    cout <<"name"<<"       "<<"cputime"<<"     "<<"needtime"<<"     "<<"priority"<<" "<<"state"<< endl;
    while(p){
        cout << p -> name;
        cout <<"            ";
        cout << p -> cputime;
        cout <<"            ";
        cout << p -> needtime;
        cout <<"            ";
        cout << p -> priority;
        cout <<"            ";
        switch(p -> process){
            case ready:cout <<"ready"<< endl;break;
            case execute:cout <<"execute"<< endl;break;
            case block:cout <<"block"<< endl;break;
            case finish:cout <<"finish"<< endl;break;
        }
        p = p -> next;
    }
}   //显示模拟结果,包含进程名、CPU 时间、运行所需时间以及优先数

int process_finish(pcb * q){
    int bl = 1;
    while(bl&&q){
        bl = bl&&q -> needtime == 0;
        q = q -> next;
    }
    return bl;
}   //结束进程,即将队列中各进程的所需时间设置为 0

void cpuexe(pcb * q){
    pcb  * t = q;
    int tp = 0;
    while(q){
        if (q -> process!= finish){
            q -> process = ready;
            if(q -> needtime == 0){
```

```
                    q->process=finish;
                }
            }
            if(tp<q->priority&&q->process!=finish){
                tp=q->priority;
                t=q;
            }
            q=q->next;
        }
        if(t->needtime!=0){
            t->priority-=3;
            t->needtime--;
            t->process=execute;
            t->cputime++;
        }
}    //选择某一进程,给它分配CPU
//计算进程优先数
void priority_cal(){
    pcb * p;
    system("cls");
    //clrscr();
    p=get_process();
    int cpu=0;
    system("cls");
    //clrscr();
    while(!process_finish(p)){
        cpu++;
        cout<<"cputime:"<<cpu<<endl;
        cpuexe(p);
        display(p);
        Sleep(2);
        //system("cls");
        //clrscr();
    }
    printf("All processes have finished,press any key to exit");
    getch();
}
void display_menu(){
    cout<<"CHOOSE THE ALGORITHM:"<<endl;
    cout<<"1 PRIORITY"<<endl;
    cout<<"2 ROUNDROBIN"<<endl;
    cout<<"3 EXIT"<<endl;
}    //显示调度算法菜单,用户可选择优先权调度算法和时间片轮转调度算法

pcb * get_process_round(){
    pcb *q;
    pcb *t;
    pcb *p;
```

```cpp
        int i = 0;
        cout <<"input name and time"<< endl;
        while (i < P_NUM){
            q = (struct pcb *)malloc(sizeof(pcb));
            cin >> q -> name;
            cin >> q -> needtime;
            q -> cputime = 0;
            q -> round = 0;
            q -> count = 0;
            q -> process = ready;
            q -> next = NULL;
            if (i == 0){
                p = q;
                t = q;
            }
            else{
                t -> next = q;
                t = q;
            }
            i++;
        }   //while
        return p;
}   //时间片轮转调度算法创建就绪进程队列
void cpu_round(pcb * q){
    q -> cputime += 2;
    q -> needtime -= 2;
    if(q -> needtime < 0) {
        q -> needtime = 0;
    }
    q -> count++;
    q -> round++;
    q -> process = execute;
}   //采用时间片轮转调度算法执行某一进程

pcb * get_next(pcb * k, pcb * head){
    pcb * t;
    t = k;
    do{
     t = t -> next;
    }
    while (t && t -> process == finish);
    if(t == NULL){
        t = head;
        while (t -> next!= k && t -> process == finish){
            t = t -> next;
        }
    }
    return t;
```

```cpp
}    //获取下一个进程
void set_state(pcb * p){
    while(p){
        if (p->needtime == 0){
            p->process = finish;          //如果所需执行时间为0,则设置运行状态为结束
        }
        if (p->process == execute){
            p->process = ready;           //如果进程为执行状态则设置为就绪状态
        }
        p = p->next;
    }
}    //设置队列中进程为执行状态
void display_round(pcb * p){
    cout <<"NAME"<<"    "<<"CPUTIME"<<"    "<<"NEEDTIME"<<"    "<<"COUNT"<<"    "<<"ROUND"<<"    "<<"STATE"<< endl;
    while(p){
        cout << p->name;
        cout <<"    ";
        cout << p->cputime;
        cout <<"    ";
        cout << p->needtime;
        cout <<"        ";
        cout << p->count;
        cout <<"        ";
        cout << p->round;
        cout <<"        ";
        switch(p->process){
            case ready:cout <<"ready"<< endl;break;
            case execute:cout <<"execute"<< endl;break;
            case finish:cout <<"finish"<< endl;break;
        }
        p = p->next;
    }
}    //时间片轮转调度算法输出调度信息

void round_cal(){
    pcb * p;
    pcb * r;
    system("cls");
    //clrscr();
    p = get_process_round();
    int cpu = 0;
    system("cls");
    //clrscr();
    r = p;
    while(!process_finish(p)){
        cpu += 2;
```

```
            cpu_round(r);
            r = get_next(r,p);
            cout <<"cpu "<< cpu << endl;
            display_round(p);
            set_state(p);
            Sleep(5);
            //system("cls");
            //clrscr();
        }
}   //时间片轮转调度算法计算轮次并输出调度信息

void main(){
    display_menu();
    int k;
    scanf(" % d",&k);
    switch(k){
            case 1:priority_cal();break;
            case 2:round_cal();break;
            case 3:break;
            display_menu();
            scanf(" % d",&k);
    }
}
```

2.5 实验结果

```
TYPE THE ALGORITHM (PRIORITY/ROUNDROBIN):
```

若选择了 PRIORITY(优先权调度算法),则进一步显示:

```
INPUT NAME AND NEEDTIME
A1       2
A2       3
A3       4
A4       2
A5       4
OUTPUT   OF   PRIORITY:
```

设定各进程的初始优先数为 50,即所需 CPU 时间片数。故进程 A1 和 A4 优先权最高,相同优先权的进程采取 FIFO 的原则,故首先运行进程 A1。

```
CPUTIME:1
NAME  CPUTIME  NEEDTIME  PRIORITY  STATE
 A1      1        1         45      execute
 A2      0        3         47      ready
```

A3	0	4	46	ready
A4	0	2	48	ready
A5	0	4	46	ready

执行完一个时间片,进程 A1 优先数减 3,此时 5 个进程中进程 A4 优先权最高,则进程 A4 获得 CPU,开始执行。

CPUTIME:2

NAME	CPUTIME	NEEDTIME	PRIORITY	STATE
A1	1	1	45	ready
A2	0	3	47	ready
A3	0	4	46	ready
A4	1	1	45	execute
A5	0	4	46	ready

以下结果以此类推。

CPUTIME:3

NAME	CPUTIME	NEEDTIME	PRIORITY	STATE
A1	1	1	45	ready
A2	1	2	44	execute
A3	0	4	46	ready
A4	1	1	45	ready
A5	0	4	46	ready

CPUTIME:4

NAME	CPUTIME	NEEDTIME	PRIORITY	STATE
A1	1	1	45	ready
A2	1	2	44	ready
A3	1	3	43	execute
A4	1	1	45	ready
A5	0	4	46	ready

CPUTIME:5

NAME	CPUTIME	NEEDTIME	PRIORITY	STATE
A1	1	1	45	ready
A2	1	2	44	ready
A3	1	3	43	ready
A4	1	1	45	ready
A5	1	3	43	execute

CPUTIME:6

NAME	CPUTIME	NEEDTIME	PRIORITY	STATE
A1	2	0	42	execute
A2	1	2	44	ready
A3	1	3	43	ready
A4	1	1	45	ready
A5	1	3	43	ready

```
CPUTIME:7
NAME    CPUTIME   NEEDTIME   PRIORITY   STATE
 A1        2         0          42      finish
 A2        1         2          44      ready
 A3        1         3          43      ready
 A4        2         0          42      execute
 A5        1         3          43      ready

CPUTIME:8
NAME    CPUTIME   NEEDTIME   PRIORITY   STATE
 A1        2         0          42      finish
 A2        2         1          41      execute
 A3        1         3          43      ready
 A4        2         0          42      finish
 A5        1         3          43      ready

CPUTIME:9
NAME    CPUTIME   NEEDTIME   PRIORITY   STATE
 A1        2         0          42      finish
 A2        2         1          41      ready
 A3        2         2          40      execute
 A4        2         0          42      finish
 A5        1         3          43      ready

CPUTIME:10
NAME    CPUTIME   NEEDTIME   PRIORITY   STATE
 A1        2         0          42      finish
 A2        2         1          41      ready
 A3        2         2          40      ready
 A4        2         0          42      finish
 A5        2         2          40      execute

CPUTIME:11
NAME    CPUTIME   NEEDTIME   PRIORITY   STATE
 A1        2         0          42      finish
 A2        3         0          38      execute
 A3        2         2          40      ready
 A4        2         0          42      finish
 A5        2         2          40      ready

CPUTIME:12
NAME    CPUTIME   NEEDTIME   PRIORITY   STATE
 A1        2         0          42      finish
 A2        3         0          38      finish
 A3        3         1          37      execute
 A4        2         0          42      finish
 A5        2         2          40      ready
```

```
CPUTIME:13
NAME    CPUTIME    NEEDTIME    PRIORITY    STATE
 A1        2           0          42       finish
 A2        3           0          38       finish
 A3        3           1          37       ready
 A4        2           0          42       finish
 A5        3           1          37       execute

CPUTIME:14
NAME    CPUTIME    NEEDTIME    PRIORITY    STATE
 A1        2           0          42       finish
 A2        3           0          38       finish
 A3        4           0          34       execute
 A4        2           0          42       finish
 A5        3           1          37       ready

CPUTIME:15
NAME    CPUTIME    NEEDTIME    PRIORITY    STATE
 A1        2           0          42       finish
 A2        3           0          38       finish
 A3        4           0          34       finish
 A4        2           0          42       finish
 A5        4           0          34       execute
```

若选择了ROUNDROBIN(时间片轮转调度算法),则进一步显示:

```
INPUT NAME AND NEEDTIME
A1      2
A2      3
A3      4
A4      2
A5      4
OUTPUT  OF   ROUNDROBIN:
    NAME    CPUTIME    NEEDTIME    COUNT    STATE
     ...      ...        ...        ...      ...
    NAME    CPUTIME    NEEDTIME    COUNT    STATE
     ...      ...        ...        ...      ...
```

时间片轮转调度算法的输出与以上大致相同,但要将PRIORITY项换为COUNT项。

第 3 章　　银行家算法

3.1　实验目的

(1) 理解银行家算法。
(2) 掌握进程安全性检查的方法及资源分配的方法。

3.2　实验内容

编制模拟银行家算法的程序，并以下面给出的例子验证所编写的程序的正确性。

【例】 某系统有 A、B、C、D 四类资源，共由 5 个进程（P0、P1、P2、P3、P4）共享，各进程对资源的需求和分配情况如表 3-1 所示。

表 3-1　进程对资源的需求和分配情况

进程	已占资源				最大需求数			
	A	B	C	D	A	B	C	D
P0	0	0	1	2	0	0	1	2
P1	1	0	0	0	1	7	5	0
P2	1	3	5	4	2	3	5	6
P3	0	6	3	2	0	6	5	2
P4	0	0	1	4	0	6	5	6

现在系统中 A、B、C、D 四类资源分别还剩 1、5、2、0 个，请按银行家算法回答下列问题：

(1) 现在的系统是否处于安全状态？
(2) 如果现在进程 P1 提出需要(0,4,2,0)个资源的请求，系统能否满足它的请求？

3.3　实验准备

在该实验中涉及银行家算法和安全性检查算法，下面分别对两种算法进行具体的介绍。

1. 银行家算法

在避免死锁的方法中，所施加的限制条件较弱，有可能获得令人满意的系统性能。在银行家算法中把系统的状态分为安全状态和不安全状态，只要能使系统始终都处于安全状态，便可以避免发生死锁。

银行家算法的基本思想是在分配资源之前判断系统是否是安全的，若安全才分配。它是最具有代表性的避免死锁的算法。

假设进程 Pi 提出请求 Request[i]，则银行家算法按如下步骤进行判断。

Step1：如果 Request[i]<=Need[i]，则转向 Step2；否则出错。

Step2：如果 Request[i]<=Available[i]，则转向 Step3；否则出错。

Step3：系统试探性地分配相关资源，修改相关数据。

　　Available[i]=Available[i]−Request[i]，

　　Allocation[i]=Allocation[i]+Request[i]，

　　Need[i]=Need[i]−Request[i]。

Step4：系统执行安全性检查，如安全则分配成立；否则此前试探性分配的资源作废，系统恢复原状，进程进入等待状态。

根据以上的银行家算法步骤，可得出图 3-1 所示的程序流程图。

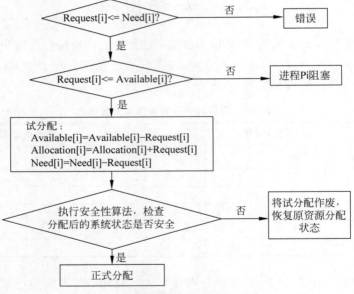

图 3-1　银行家算法程序流程图

2. 安全性检查算法

安全性检查算法主要是根据银行家算法进行资源分配后，检查资源分配后的系统状态是否处于安全状态之中。具体算法步骤如下所示。

Step1：设置两个工作向量——Work[i]=Available，Finish[i]=false。

Step2：从进程集合中找到一个满足下述条件的进程。

```
Finish[i] = false,
Need[i]<= Work.
```

如果能够找到该进程,则执行 Step3,否则执行 Step4。

Step3:假设上述找到的进程获得了资源,可顺利执行,直至完成,从而释放资源。

Work[i]=Work[i]+Allocation[i],

Finish[i]=true,

Goto Step2。

Step4:如果所有进程的 Finish[i]=true,则表示该系统安全;否则表示系统不安全。

根据以上安全性检查算法的步骤,可得出图 3-2 所示的程序流程图。

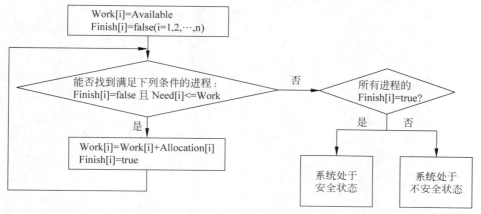

图 3-2　安全性检查算法程序流程图

3.4　程 序 示 例

```
#include<iostream.h>
int Available[100];              //可利用资源数组
int Max[50][100];                //最大需求矩阵
int Allocation[50][100];         //分配矩阵
int Need[50][100];               //需求矩阵
int Request[50][100];
int Finish[50];
int p[50];
int m,n;                         //m 个进程,n 个资源
int IsSafe()
{
    int i,j,l = 0;
    int Work[100];
    for(i = 0;i < n;i++)
        Work[i] = Available[i];
    for(i = 0;i < m;i++)
        Finish[i] = 0;
    for(i = 0;i < m;i++)
```

```cpp
        {
          if(Finish[i] == 1) continue;
          else
          {
              for(j = 0;j < n;j++)
              {
                  if(Need[i][j]> Work[j]) break;
              }
              if(j == n)
              {
                  Finish[i] = 1;
                  for(int k = 0;k < n;k++)
                      Work[k] += Allocation[i][k];
                  p[l++] = i;
                  i = -1;
              }
               else continue;
          }
          if(l == m)
          {
              cout <<"系统是安全的 "<<'\n';
              cout <<"安全序列是 :\n";
              for(i = 0;i < l;i++)
              {
                  cout << p[i];
                  if(i!= l - 1) cout <<" -->";
              }
              cout <<'\n';
              return 1;
          }
        }
}
int main()                              //银行家算法
{
    int i,j,mi;
    cout <<" 输入进程的数目:\n";
    cin >> m;
    cout <<"输入资源的种类:\n";
    cin >> n;
    cout <<"输入每个进程最多所需的各资源数,按照 "<<m <<"x"<< n <<" 矩阵输入 \n";
    for(i = 0;i < m;i++)
    for(j = 0;j < n;j++)
        cin >> Max[i][j];
    cout <<"输入每个进程已分配的各资源数,也按照 "<< m <<"x"<< n <<" 矩阵输入 \n";
    for(i = 0;i < m;i++)
    {
        for(j = 0;j < n;j++)
        {
```

```cpp
            cin >> Allocation[i][j];
            Need[i][j] = Max[i][j] - Allocation[i][j];
            if(Need[i][j]< 0)
            {
                cout <<"你输入的第 "<< i+1 <<" 个进程所拥有的第 "<< j+1 <<" 个资源数错误,请重新输入 :\n";
                j--;
                continue;
            }
        }
    }
    cout <<"请输入各个资源现有的数目 :\n";
    for(i = 0;i < n;i++)
        cin >> Available[i];
    IsSafe();
    while(1)
    {
        cout <<"输入要申请资源的进程号(注:第 1 个进程号为 0,以此类推 )\n";
        cin >> mi;
        cout <<"输入进程所请求的各资源的数量 \n";
        for(i = 0;i < n;i++)
            cin >> Request[mi][i];
        for(i = 0;i < n;i++)
        {
            if(Request[mi][i]> Need[mi][i])
            {
                cout <<"你输入的请求数超过进程的需求量 !\n";
                return 0;
            }
            if(Request[mi][i]> Available[i])
            {
                cout <<"你输入的请求数超过系统有的资源数 !\n";
                return 0;
            }
        }
        for(i = 0;i < n;i++)
        {
            Available[i] -= Request[mi][i];
            Allocation[mi][i] += Request[mi][i];
            Need[mi][i] -= Request[mi][i];
        }
        if(IsSafe()) cout <<"同意分配请求 !\n";
        else
        {
            cout <<"你的请求被拒绝 !\n";
            for(i = 0;i < n;i++)
            {
                Available[i] += Request[mi][i];
```

```
                Allocation[mi][i] -= Request[mi][i];
                Need[mi][i] += Request[mi][i];
            }
        }
        for(i = 0;i < m;i++)
            Finish[i] = 0;
        char YesOrNo;
        cout <<"你还想再次请求分配吗？是请按 y/Y,否按 n/N,再确定 \n";
        while(1)
        {
            cin >> YesOrNo;
            if(YesOrNo == 'y'||YesOrNo == 'Y'||YesOrNo == 'n'||YesOrNo == 'N') break;
            else
            {
                cout <<"请按要求输入 !\n";
                continue;
            }
        }
        if(YesOrNo == 'y'||YesOrNo == 'Y') continue;
        else break;
    }
}
```

3.5 实 验 结 果

实验结果如图 3-3 所示。

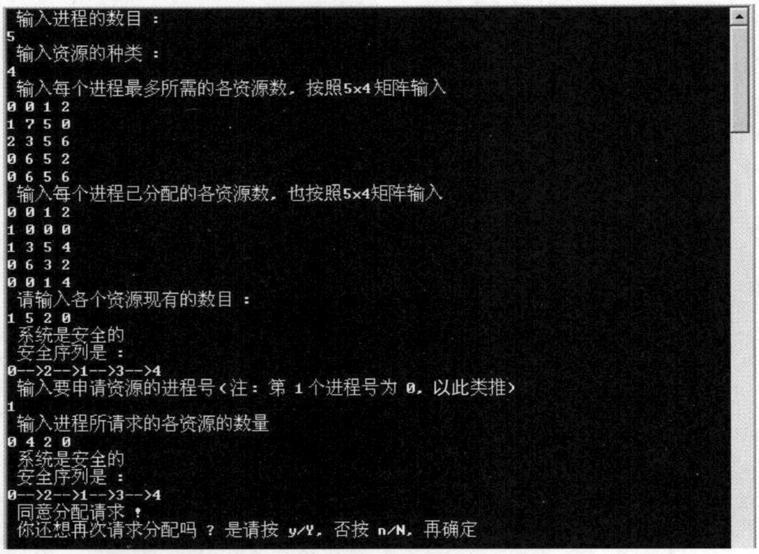

图 3-3 实 验 结 果

通过运行程序发现，例子当中的系统处于安全状态，进程 P1 提出的请求能够实现。

第 4 章　　虚拟存储器管理

4.1　实 验 目 的

(1) 理解虚拟存储器的概念。
(2) 掌握分页式存储管理中硬件的地址转换和产生缺页中断的方法。

4.2　实 验 内 容

1. 模拟分页式存储管理中硬件的地址转换和产生缺页中断

分页式虚拟存储系统是把作业信息的副本存放在磁盘上,当作业被选中时,可把作业的开始几页先装入主存且启动执行。为此,在为作业建立页表时,应说明哪些页已在主存,哪些页尚未装入主存。

作业执行时,指令中的逻辑地址指出了参加运算的操作存放的页号和单元号,硬件的地址转换机构按页号查页表,若该页对应标志为"1",则表示该页已在主存,这时根据关系式"绝对地址＝块号×块长＋单元号"计算出欲访问的主存单元地址。如果块长为 2 的幂次,则可把块号作为高地址部分,把单元号作为低地址部分,两者拼接而成绝对地址。若访问的页对应标志为"0",则表示该页不在主存,这时硬件发"缺页中断"信号,有操作系统按该页在磁盘上的位置,把该页信息从磁盘读出装入主存后再重新执行这条指令。

2. 用先进先出(FIFO)页面调度算法处理缺页中断

在分页式虚拟存储系统中,当硬件发出"缺页中断"后,将引出操作系统来处理这个中断事件。如果主存中已经没有空闲块,则可用 FIFO 页面调度算法把该作业中最先进入主存的一页调出,存放到磁盘上,然后再把当前要访问的页装入该块。调出和装入后都要修改页表中对应页的标志。

FIFO 页面调度算法总是淘汰该作业中最先进入主存的那一页,因此可以用一个数组来表示该作业已在主存的页面中。假定作业被选中时,把开始的 M 个页面装入主存,则数组的元素可定为 M 个。

4.3 实验准备

1. 设计一个"地址转换"程序来模拟硬件的地址转换工作

当访问的页在主存时,则形成绝对地址,但不去模拟指令的执行,而用输出转换后的地址来代替一条指令的执行;当访问的页不在主存时,则输出"＊ 该页页号",表示产生了一次缺页中断。地址转换程序流程如图 4-1 所示。

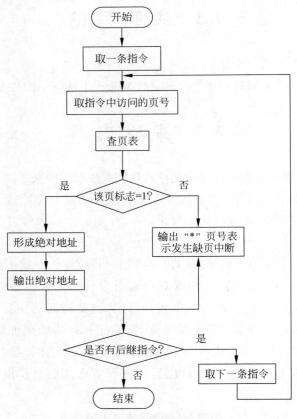

图 4-1 地址转换程序流程

2. FIFO 页面调度程序

为了提高系统的效率,如果应淘汰的页在执行中没有修改过,则可不必把该页调出(因在磁盘上已有副本)而直接装入一个新页将其覆盖。由于是模拟调度算法,所以不实际启动输出一页和装入一页的程序,而用输出调出的页号和装入的页号来代替一次调出和装入的过程 FIFO 页面调度程序流程如图 4-2 所示。

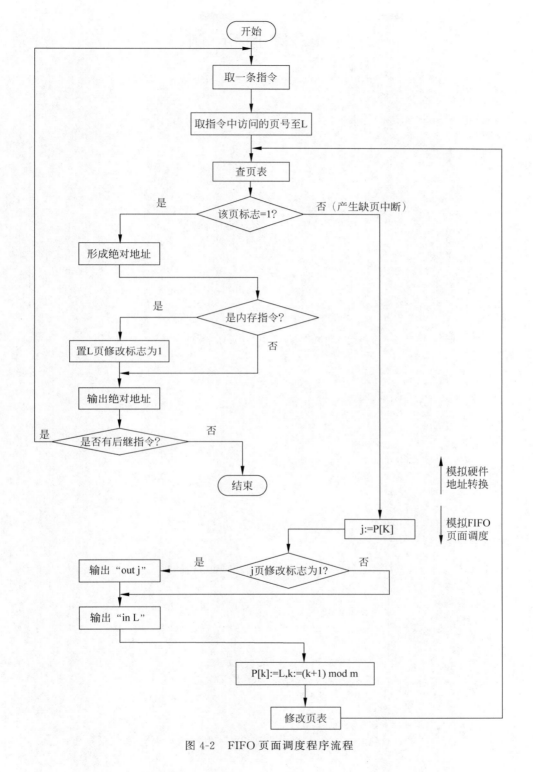

图 4-2　FIFO 页面调度程序流程

4.4 程序示例

```cpp
#include <cstdio>
#include <cstring>
#define SizeOfPage 100
#define SizeOfBlock 128
#define M 4
struct info                                  //页表信息结构体
{
    bool flag;                               //页标志,1表示该页已在主存,0表示该页不在主存
    long block;                              //块号
    long disk;                               //在磁盘上的位置
    bool dirty;                              //更新标志
}pagelist[SizeOfPage];
long po;                                     //队列标记
long P[M];                                   //假设内存中最多允许M个页面
void init_ex1()
{
  memset(pagelist,0,sizeof(pagelist));       //内存空间初始化
    /*分页式虚拟存储系统初始化*/
    pagelist[0].flag = 1;
    pagelist[0].block = 5;
    pagelist[0].disk = 011;
    pagelist[1].flag = 1;
    pagelist[1].block = 8;
    pagelist[1].disk = 012;
    pagelist[2].flag = 1;
    pagelist[2].block = 9;
    pagelist[2].disk = 013;
    pagelist[3].flag = 1;
    pagelist[3].block = 1;
    pagelist[3].disk = 021;
}
void work_ex1()     //模拟分页式存储管理中硬件的地址转换和产生缺页中断
{
    bool stop = 0;
    long p,q;
    char s[128];
    do
    {
        printf("请输入指令的页号和单元号:\n");
        if(scanf("%ld%ld",&p,&q)!= 2)
        {
            scanf("%s",s);
            if(strcmp(s,"exit") == 0)        //如果输入为exit则退出,进入重选页面
            {
```

```c
                    stop = 1;
                }
            }
            else
            {
                if(pagelist[p].flag)            //如果该页的flag标志位为1,说明该页在主存中
                {
                    printf("绝对地址 = %ld\n",pagelist[p].block * SizeOfBlock + q);
                    //计算出绝对地址,绝对地址 = 块号×块长(默认为128) + 单元号
                }
                else
                {
                    printf(" * %ld\n",p);       //如果该页的flag标志位为0,表示该页不在主存
                                                //中,则产生了一次缺页中断
                }
            }
    }while(!stop);
}
void init_ex2()
{
/* 以下部分为用FIFO页面调度算法处理缺页中断的初始化,
    其中也包含了对当前存储器内容的初始化 */
    po = 0;
    P[0] = 0;P[1] = 1;P[2] = 2;P[3] = 3;        //对内存中的4个页面进行初始化,并使目前排在
                                                //第一位的为0
    memset(pagelist,0,sizeof(pagelist));        //内存空间初始化
    pagelist[0].flag = 1;
    pagelist[0].block = 5;
    pagelist[0].disk = 011;
    pagelist[1].flag = 1;
    pagelist[1].block = 8;
    pagelist[1].disk = 012;
    pagelist[2].flag = 1;
    pagelist[2].block = 9;
    pagelist[2].disk = 013;
    pagelist[3].flag = 1;
    pagelist[3].block = 1;
    pagelist[3].disk = 021;
}
void work_ex2()                                 //模拟FIFO页面调度算法的工作过程
{
    long p,q,i;
    char s[100];
    bool stop = 0;
    do
    {
```

```c
            printf("请输入指令的页号、单元号,以及是否为内存指令:\n");
            if(scanf("%ld%ld",&p,&q)!= 2)
            {
                scanf("%s",s);
                if(strcmp(s,"exit") == 0)     //如果输入为 exit 则退出,进入重选页面
                {
                    stop = 1;
                }
            }
            else
            {
                scanf("%s",s);
                if(pagelist[p].flag)          //如果该页的 flag 标志位为 1,说明该页在主存中
                {
                    printf("绝对地址 = %ld\n",pagelist[p].block * SizeOfBlock + q);
                              //计算绝对地址,绝对地址 = 块号×块长(默认为 128) + 单元号
                    if(s[0] == 'Y'||s[0] == 'y')     //内存指令
                    {
                        pagelist[p].dirty = 1;      //修改标志位为 1
                    }
                }
                else
                {
                    if(pagelist[P[po]].dirty) //当前的页面被更新过,需把更新后的内容写回外存
                    {
                        pagelist[P[po]].dirty = 0;
                    }
                    pagelist[P[po]].flag = 0; //将 flag 标志位置 0,表示当前页面已被置换出去
                    printf("out %ld\n",P[po]); //显示根据 FIFO 页面调度算法被置换出去的页面
                    printf("in %ld\n",p);    //显示根据 FIFO 页面调度算法被调入的页面
                    pagelist[p].block = pagelist[P[po]].block;    //块号相同
                    pagelist[p].flag = 1;    //将当前页面的标志位置为 1,表示已在主存中
                    P[po] = p;               //保存当前页面所在的位置
                    po = (po + 1) % M;
                }
            }
        }while(!stop);
        printf("数组 P 的值为:\n");
        for(i = 0;i < M;i++)              //循环输出当前数组的数值,即当前在内存中的页面
        {
            printf("P[%ld] = %ld\n",i,P[i]);
        }
    }
}
void select()                             //选择方法
{
    long se;
    char s[128];
```

```
        do
        {
            printf("请选择题号(1/2):");
            if(scanf(" % ld",&se)!= 1)
            {
                scanf(" % s",&s);
                if(strcmp(s,"exit") == 0)     //如果输入为 exit,则退出整个程序
                {
                    return;
                }
            }
            else
            {
                if(se == 1)                   //如果 se=1,说明选择的是模拟分页式存储管理中
                                              //硬件的地址转换和产生缺页中断
                {
                    init_ex1();               //初始化
                    work_ex1();               //进行模拟
                }
                if(se == 2)    //如果 se=2,说明选择的是通过 FIFO 页面调度算法来实现页面的置换
                {
                    init_ex2();               //初始化
                    work_ex2();               //进行模拟
                }
            }
        }while(1);
}
int main()
{
    select();                                 //选择题号
    return 0;
}
```

4.5 实验结果

运行结果如图 4-3 所示。

如图 4-3 所示,由于初始块长为 128,所以当输入页号为 0 时,查询得到该页在主存中,并且块号为 5,同时根据我们输入的单元号 10,就可得到绝对地址＝5×128＋10,即为 650。

同理,输入"1 20"时的操作过程与上面类似。由于只有 0～3 号页面在主存中,因此当输入页号为 4 以上时,就会产生缺页中断。

如图 4-4 所示,程序运行界面显示了当前在内存中的页面的信息,并调入当前不在内存中的页面进入内存。

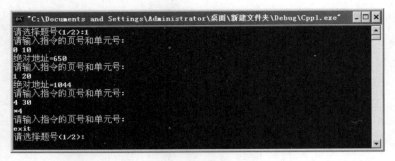

图 4-3 地址转换和产生缺页中断

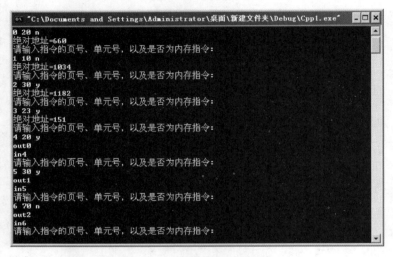

图 4-4 地址转换和页面置换

通过图 4-5 可以发现数组的数值变化了,原数组的初始值为 P[0]=0,P[1]=1,P[2]=2,P[3]=3;执行后为 P[0]=5,p[1]=6,p[2]=9,p[3]=3,实现了 FIFO 页面置换的功能。

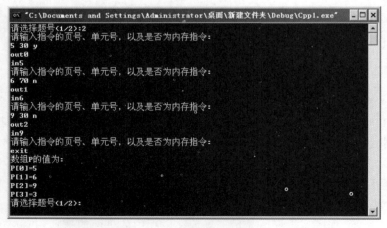

图 4-5 FIFO 页面调度算法处理缺页中断

第 5 章　设备管理

5.1　实验目的

（1）理解设备管理的概念和任务。
（2）掌握独占设备的分配、回收等主要算法的原理并编程实现。

5.2　实验内容

在 Windows 系统中，编写程序实现对独占设备的分配与回收的模拟，该程序中包括建立设备类表和设备表、分配设备和回收设备的函数。

5.3　实验准备

在多道程序环境下，独占设备应采用独享分配策略，即将一个设备分配给某进程后，便由该进程独占，直至该进程完成或释放该设备，然后系统才能再将该设备分配给其他进程使用。在实验中通过模拟方法实现对独占设备的分配和回收。

在操作系统中通常要通过表格记录相应设备状态等，以便进行设备分配。在进行设备分配时所需的数据结构（表格）有设备类表和设备控制表等。

设备类表记录系统中全部设备的情况，每个设备类占一个表目，包括设备类型、设备标识符、设备驱动程序入口、拥有设备数量、可分配设备数量、设备表起始地址等，如表 5-1 所示。

表 5-1　设备类表

设备类型	拥有设备数量	可分配设备数量	设备表起始地址
input	5	2	2
printer	4	3	5
...	...	...	...

系统为每一个设备都配置了一张设备控制表，用于记录本设备的情况。每个设备占一个表目，包括设备状态、是否分配、占用作业名等，如表 5-2 所示。

表 5-2 设备控制表

绝 对 号	状 态	是否分配	占用作业名	相 对 号
11	好/坏	是/否	job	1
…	…	…	…	…

作业申请某设备时,先查"设备类表",如果该类设备的拥有设备数量满足申请要求,则从设备类表中得到该类设备的设备表起始地址,然后找到"设备控制表"中该类设备的起始地址,依次查询该类设备的表项,找到状态是好且没有分配的设备分配给作业。分配设备的过程中要修改"设备类表"中的"可分配设备数量",并且把"设备控制表"中设备"是否分配"项更改为"是",并填写"占用作业名"和"相对号"。

设备回收时,系统首先查看"设备控制表",找到需要释放的设备,将该设备"是否分配"项更改为"否",然后在"设备类表"中将"可分配设备数量"增加 1。

5.4 程序示例

```c
#include <stdio.h>
#include <stdio.h>
#include <string.h>
#define N 3                          //假设系统有 3 类设备
#define M 5                          //假设系统有 5 个设备
struct {
    char type[10];                   //设备类型
    int count;                       //拥有设备数量
    int remain;                      //现存的可分配设备数量
    int address;                     //该类设备在设备表中的起始地址
}equip_type[N];                      //设备类表定义,假设系统有 n 个设备类型
struct {
    int number;                      //设备绝对号
    bool status;                     //判断设备状态好坏
    bool IsRemain;                   //设备是否分配
    char jobname[10];                //占用设备的作业名称
    int lnumber;                     //设备相对号
}equipment[M];                       //设备表定义,假设系统有 m 个设备
//********************* 函数说明 ********************//
//设备分配函数
//***************************************************//
bool allocate(char * job,char * type,int mm)
{
    int i = 0,t;
    //查询该类设备
    while (i<N&&strcmp(equip_type[i].type,type) != 0) i++;
    //没有找到该类设备
    if (i >= N)
```

```c
    {
        printf("无该类设备,设备分配请求失败");
        return(false);
    }
    //所需设备现存的可用数量不足
    if(equip_type[i].remain < 1)
    {
        printf("该类设备数量不足,设备分配请求失败");
        return(false);
    }
    //得到该类设备在设备表中的起始地址
    t = equip_type[i].address;
    while (!(equipment[t].status == true && equipment[t].IsRemain == false))
        t++;
    //填写作业名、设备相对号、状态
    equip_type[i].remain--;
    equipment[t].IsRemain = true;
    strcpy(equipment[t].jobname,job);
    equipment[t].lnumber = mm;
    return true;
}
// ********************* 函数说明 ******************** //
//设备回收函数
// ************************************************** //
bool reclaim(char * job,char * type)
{
    int i = 0,t,j,k = 0,nn;
    while (i < N&&strcmp(equip_type[i].type,type) != 0) i++;
    //没有找到该类设备
    if (i >= N)
    {
        printf("无该类设备,设备分配请求失败");
        return(false);
    }
    //得到该类设备在设备表中的起始地址
    t = equip_type[i].address;
    //得到该类设备的数量
    j = equip_type[i].count;
    nn = t + j;
    //修改设备为可使用状态和该类设备可用数量
    for( ; t < nn; t++)
    {
        if(strcmp(equipment[t].jobname,job) == 0 && equipment[t].IsRemain == true)
        {
            equipment[t].IsRemain = false;
            k++;
        }
    }
```

```c
        equip_type[i].remain = equip_type[i].remain + k;
        if(k == 0) printf("作业没有使用该类设备");
        return true;
}
void main()
{
    char job[10];
    int i,mm,choose;
    char type[10];
    strcpy(equip_type[0].type,"input"); //设备类型:输入设备
    equip_type[0].count = 2;
    equip_type[0].remain = 2;
    equip_type[0].address = 0;
    strcpy(equip_type[1].type,"printer");
    equip_type[1].count = 3;
    equip_type[1].remain = 3;
    equip_type[1].address = 2;
    strcpy(equip_type[2].type,"disk");
    equip_type[2].count = 4;
    equip_type[2].remain = 4;
    equip_type[2].address = 5;

    for (i = 0;i < 5;i++)
    {
        equipment[i].number = i;
        equipment[i].status = 1;
        equipment[i].IsRemain = false;
    }
    while(1)
    {
        printf("\n0 -- 退出,1 -- 分配,2 -- 回收,3 -- 显示");
        printf("\n请选择功能项:");
        scanf(" % d",&choose);
        switch(choose)
        {
        case 0:
            return;
        case 1:
            printf("请输入作业名、作业所需设备类和设备相对号");
            scanf(" % s % s % d",job,type,&mm);
            allocate(job,type,mm);        //分配设备
            break;
        case 2:
            printf("请输入作业名和作业要归还的设备类型");
            scanf(" % s % s",job,type);
            reclaim(job,type);            //回收设备
            break;
        case 3:
```

```
            printf("\n 输出设备类表:\n");
            printf("设备类型\t 设备数量\t 空闲设备数量\n");
            for(i = 0;i < N;i++)

    printf("%8s%10d%18d\n",equip_type[i].type,equip_type[i].count,equip_type[i]
.remain);
            printf("---------------------------------------------\n");
            printf("输出设备控制表:\n");
            printf("绝对号 状态 是否分配 占用作业名 相对号\n");
            for(i = 0;i < M;i++)
            {

    printf("%3d%7d%8d%10s%7d\n",equipment[i].number,equipment[i].status,
equipment[i].IsRemain,equipment[i].jobname,equipment[i].lnumber);
            }
            break;
        default:
            return;
        }
    }
}
```

5.5 实验结果

显示所有设备,如图 5-1 所示。

图 5-1 显示所有设备

分配设备后,如图 5-2 所示。
设备回收后,如图 5-3 所示。

图 5-2 分配设备

图 5-3 设备回收

第 6 章　SPOOLing 技术

6.1　实验目的

理解和掌握 SPOOLing 假脱机技术。

6.2　实验内容

通过 SPOOLing 技术将一台物理 I/O 设备虚拟为多台逻辑 I/O 设备,并允许多个用户共享一台物理 I/O 设备,从而使其成为虚拟设备。

6.3　实验准备

1. 设计一个实现 SPOOLing 技术的进程

设计一个 SPOOLing 输出进程和两个请求输出的用户进程,以及一个 SPOOLing 输出服务程序。

SPOOLing 输出进程工作时,根据请求块记录的各进程要输出的信息,将其实际输出到打印机或显示器。这里,SPOOLing 进程与请求输出的用户进程可并发运行。

2. 设计进程调度算法

进程调度采用随机算法,这与进程输出信息的随机性一致。两个请求输出的用户进程的调度概率各为 45%,SPOOLing 输出进程为 10%,这由随机数发生器产生的随机数模拟决定。

3. 进程状态

进程的基本状态有 3 种,分别为可执行状态、等待状态和结束状态。其中可执行状态就是进程正在运行或等待调度的状态;等待状态又分为等待状态 1、等待状态 2、等待状态 3。

状态变化的条件如下。

(1) 进程执行完成时,置为"结束状态"。

(2) 服务程序在将输出信息送至输出井时,如发现输出井已满,将调用进程置为"等待状态 1"。

(3) SPOOLing 进程在进行输出时,若输出井为空,则进入"等待状态 2"。

（4）SPOOLing 进程输出一个信息块后，应立即释放该信息块所占的输出井空间，并将正在等待输出的进程置为"可执行状态"。

（5）服务程序在输出信息到输出井并形成输出请求信息块后，若 SPOOLing 进程处于等待状态，则将其置为"可执行状态"。

（6）当用户进程申请请求输出块时，若没有可用请求块时，调用进程进入"等待状态 3"。

4．数据结构

1）进程控制块 PCB

```
struct pcb
{
  int status;
  int length;
}PCB[3];
```

其中，status 表示进程状态，其取值如下。

0 表示可执行状态；

1 表示等待状态 1；

2 表示等待状态 2；

3 表示等待状态 3。

2）请求输出块 reqblock

```
struct{
  int reqname;                  //请求进程名
  int length;                   //本次输出的信息长度
  int addr;                     //信息在输出井的首地址
}reqblock[10];
```

3）输出井 BUFFER

SPOOLing 系统为每个请求输出的进程在输出井中分别开辟一个区。本实验可设计一个二维数组（int buffer[2][10]）作为输出井。每个进程在输出井中最多可占用 10 个位置。

5．编程说明

为两个请求输出的用户进程设计两个输出井。每个输出井可存放 10 个信息，即 buffer[2][10]。当用户进程将其所有文件输出完成时，终止运行。

为简单起见，用户进程简单地设计成每运行一次，随机输出数字 0~9 的一个数，当输入 10 个数时形成一个请求信息块，填入请求输出信息块 reqblock 结构中。

6．程序框图

SPOOLing 输出模拟系统的主控流程图如图 6-1 所示。

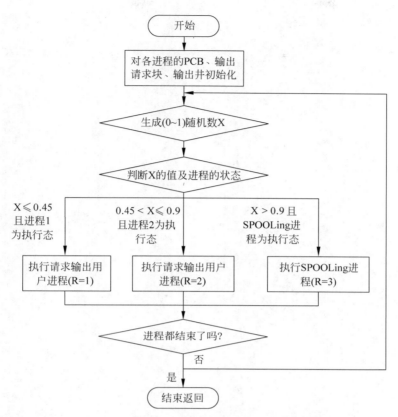

图 6-1　SPOOLing 输出模拟系统的主控流程图

6.4　程序示例

```
#include<iostream.h>
#include<stdlib.h>
#include<time.h>
#include<stdio.h>

struct pcb{
    int status;
    int length;
} * PCB[3];
struct req{
    int reqname;
    int length;
    int addr;
}reqblock[10];
int buffer[2][100];
int head = 0,tail = 0;
```

```c
int t1 = 5, t2 = 5;

void request(int i);                        //i=1 表示用户进程 1; i=2 表示用户进程 2
void SPOOLing();

void main()
{
    for(int l = 0; l < 2; l++)
        for(int j = 0; j < 100; j++)
            buffer[l][j] = 0;
    for(int n = 0; n < 3; n++)
    {
        struct pcb * tmpPcb = (struct pcb * )malloc(sizeof(struct pcb));
        tmpPcb -> status = 0;
        tmpPcb -> length = 0;
        PCB[n] = tmpPcb;
    }
    cout <<"两个用户进程的请求分别为 5,5"<< endl;
    srand((unsigned)time(NULL));
    while(1)
    {
        int k;
        k = rand() % 100;
        if(k <= 45)
        {
            if((0 == PCB[0] -> status)&&(t1 > 0))
                request(1);
        }
        else if((k <= 90)&&(t2 > 0))
        {
            if(0 == PCB[1] -> status)
                request(2);
        }
        else
            SPOOLing();
        if((0 == t1)&&(0 == t2)&&(head == tail))
            break;
    }
    for(int m = 0; m < 3; m++)
    {
        free(PCB[m]);
        PCB[m] = NULL;
    }
    getchar();
}

void request(int i)
{
```

```cpp
        int j,length = 0;
        struct req * run;
        if(1 == i)
            t1 -- ;
        else
            t2 -- ;
        cout <<"用户"<< i <<"请求数据:\n";
        run = &reqblock[tail % 10];
        run -> reqname = i;
        run -> length = 0;
        if(0 == tail)
            run -> addr = 0;
        else
        {
            int index = (tail - 1) % 10;
            run -> addr = reqblock[index].addr + reqblock[index].length;
        }
        for(int m = 0;m < 100;m++)
        {
            if(0 == buffer[i - 1][m])
            {
                run -> addr = m;
                break;
            }
        }
        int s = 0;
        while(1)
        {
            j = rand() % 10;
            if(0 == j)
            {
                run -> length = length;
                break;
            }
            buffer[i - 1][(run -> addr + length)] = s;
            cout << s <<" ";
            s++;
            length++;
        }
        cout << endl;
        PCB[i - 1] -> length += length;
        length = 0;
        if(2 == PCB[2] -> status)
            PCB[2] -> status = 0;
        tail++;
}
void SPOOLing()
{
```

```cpp
        struct req * run;
        cout <<"调用SPOOLing输出服务程序输出数据:"<< endl;
        run = &reqblock[head % 10];
        cout << run -> reqname <<":\n";
        for(int i = 0;i < run -> length;i++)
            cout << buffer[run -> reqname - 1][run -> addr + i]<<" ";
        cout << endl;
        head++;
        for(int j = 0;j < 2;j++)
        {
            if(3 == PCB[j] -> status)        //若没有可用请求块时,调用进程进入"等待状态3"
                PCB[j] -> status = 0;
        }
    }
```

6.5 实验结果

两个用户进程的请求分别为 5,5
用户 2 请求数据:
0 1 2
用户 1 请求数据:
0 1 2 3 4 5 6 7 8 9 10 11 12 13 14 15 16 17 18 19 20 21 22 23 24 25 26 27 28 29 30 31 32 33 34
用户 2 请求数据:
0 1 2 3 4 5
用户 2 请求数据:
0 1 2 3 4
用户 2 请求数据:
0 1 2
用户 2 请求数据:
0 1 2 3 4
调用 SPOOLing 输出服务程序输出数据:
2:
0 1 2
调用 SPOOLing 输出服务程序输出数据:
1:
0 1 2 3 4 5 6 7 8 9 10 11 12 13 14 15 16 17 18 19 20 21 22 23 24 25 26 27 28 29 30 31 32 33 34
调用 SPOOLing 输出服务程序输出数据:
2:
0 1 2 3 4 5
调用 SPOOLing 输出服务程序输出数据:
2:
0 1 2 3 4
调用 SPOOLing 输出服务程序输出数据:

2:
0 1 2
用户 1 请求数据:

用户 1 请求数据:
0 1 2 3 4 5 6 7 8 9 10 11 12 13 14 15 16
用户 1 请求数据:
0 1 2 3
调用 SPOOLing 输出服务程序输出数据:
2:
0 1 2 3 4
用户 1 请求数据:
0 1 2
调用 SPOOLing 输出服务程序输出数据:
1:
调用 SPOOLing 输出服务程序输出数据:
1:
0 1 2 3 4 5 6 7 8 9 10 11 12 13 14 15 16
调用 SPOOLing 输出服务程序输出数据:
1:
0 1 2 3
调用 SPOOLing 输出服务程序输出数据:
1:
0 1 2

第 7 章 文件系统

7.1 实验目的

(1) 理解文件系统的主要概念。
(2) 理解文件系统的内部功能和实现过程。

7.2 实验内容

文件系统是操作系统中负责管理和存取文件信息的机构,它具有"按名存取"的功能,不仅可以方便用户,而且能提高系统的效率且安全可靠。文件系统主要实现对具体的文件存储空间、文件的物理结构、目录结构的管理和文件操作,常采用二级文件目录结构,第一级为主文件目录(MFD),第二级为用户文件目录(UFD),如表 7-1 和表 7-2 所示。

表 7-1 主文件目录 MFD

用 户 名	用户文件目录地址

表 7-2 用户文件目录 UFD

文 件 名	状态(打开/建立)	指 针

具体的实验内容如下。
(1) 设计一个有 m 个用户的文件系统,每个用户最多可保存一个文件。
(2) 规定用户在一次运行中只能打开 K 个文件。
(3) 系统能检查键入命令的正确性,出错时应能显示出错原因。
(4) 对文件应能设置保护措施,如只能执行、允许读、允许写等。
(5) 对文件的操作设计提供一套文件操作命令。
- CREATE:建立文件。
- DELETE:删除文件。
- OPEN:打开文件。
- CLOSE:关闭文件。

- READ：读文件。
- WRITE：写文件。

7.3 实验准备

使用混合索引分配方式来为存储文件分配所在外存的块号，以多级目录结构来组织目录，以位示图法对文件存储空间进行管理。

为了实现存储空间的管理，系统首先了解存储空间的使用情况，为分配存储空间设置相应的数据结构——位示图。它是利用二进制的一位来表示磁盘中的一个盘块的使用情况。当值为"0"时，表示对应的盘块空闲；为"1"时，表示对应的盘块已分配。为了简化处理，可以采用一维数组来表示存储空间的分配情况。

目录结构的组织关系到文件系统的存取速度、安全性、共享性。常用的目录结构形式有单级目录、两级目录和多级目录，为了提高目录的检索速度和文件系统的性能，采用多级目录结构来组织目录。多级目录结构又称为树形目录结构，主目录称为根目录，数据文件称为树叶，其他的目录称为树的结点，如图7-1所示。

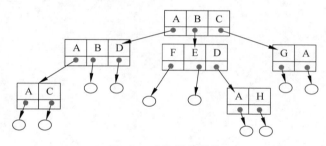

图 7-1 多级目录结构

利用磁盘来存取文件时，常用的三种外存分配方式有连接分配、链接分配和索引分配。每个文件系统只能采用其中的一种方法进行外存分配。该文件系统采用混合索引分配，它是指将多种索引方式相结合。索引结点的地址项分为两类：直接地址和间接地址。当文件大小较小时，采用直接地址，索引结点的每项存放文件数据的盘块的盘块号；当文件大小较大时，采用一次间接地址；当文件非常大时，采用多次间接地址。

7.4 程序示例

disk.h文件的代码如下：

```
// disk.h: interface for the Cdisk class
#if !defined(AFX_DISK_H__1FAB24AE_C718_49FF_A915_94211192B8BC__INCLUDED_)
#define AFX_DISK_H__1FAB24AE_C718_49FF_A915_94211192B8BC__INCLUDED_

#if _MSC_VER > 1000
```

```cpp
#pragma once
#endif                                  //_MSC_VER > 1000
extern int disk_block[10000];
extern int disk_empty;
typedef struct UFD                      //存储文件信息
{
    char name[10];
    int attribute;                      //文件属性
    int length;
    int a[10];
    int *p1;                            //一级索引
    int (*p2)[100];                     //二级索引
    struct UFD *next;                   //指向文件链表中此文件结点的下一个结点
}UFD;
typedef struct DIR                      //存储目录信息
{
    DIR *above;                         //指向目录链表中此目录结点的上一个结点
    char name[10];
    int length;
    DIR *next;                          //指向目录链表中索引目录结点的下一个结点
    UFD *File_head;                     //此目录下文件链表的头指针
    DIR *Dir_head;                      //此目录下目录链表的头指针
}DIR;

class Cuse                              //定义管理用户目录的类
{
    DIR *now;                           //当前目录
    UFD *Fhead;                         //文件链表的头结点
    DIR *Dhead;                         //目录链表的头结点
    char code[10];                      //用户密码
    char name[10];                      //用户名称
    int length;                         //用户所使用的空间大小
    int status;                         //此对象是否已经分配给用户
public:
    void set_status(int);
    int dele_user();
    int dis_file();                     //显示文件所占外存的块号
    int dis_dir(DIR *d);                //实现显示当前路径的函数
    int get_length();
    char const *get_name();
    char const *get_code();
    int get_status();
    int set_user(char *,char *);        //设置用户名与密码
    DIR *get_now();
    int dele_file(UFD *f);              //删除文件的具体实现部分
    int dele_dir(DIR *);                //删除目录的具体实现部分
    Cuse();
    ~Cuse();
```

```cpp
        int goback();                       //返回上一级目录
        int dis_now();                      //显示当前目录的信息
        int new_file();
        int new_dir();
        int open_dir();
        int open_file();
        int first_dele_file();              //实现删除文件的前部分工作
        int first_dele_dir();               //实现删除目录的前部分工作
        int set_code();
};

class Cdisk
{
public:
    Cuse user[5];
    char code[10];
    int dis_disk();
    int first_dele_user();
    int dele_user(int);
    int new_user();                         //查看当前用户信息与外存空间的使用情况
    int set_code();
    int login();                            //用户登录
    Cdisk();
    virtual ~Cdisk();
};
#endif           // !defined(AFX_DISK_H__1FAB24AE_C718_49FF_A915_94211192B8BC__INCLUDED_)
```

Disk.cpp 文件的代码如下:

```cpp
#include "disk.h"
#include <string.h>
#include <iostream.h>
#include <iomanip.h>
int disk_block[10000];
int disk_empty;
Cdisk::Cdisk()
{
    int i = 0;
    char code[10] = "123456";
    for(i = 0;i < 10000;i++)
        disk_block[i] = 0;
    this -> user[0].set_user("student","123");
    disk_empty = 10000;
    cout.setf(ios::left);
}

Cdisk::~Cdisk()
{
```

```cpp
}

int Cdisk::dele_user(int i)
{
    Cuse C;
    C = user[i];
    user[i].dele_user();
    return 1;
}

int Cdisk::dis_disk()
{
    int i = 0;
    cout << setw(14)<<"用户名"<< setw(14)<<"占用空间大小"<< endl;
    for(i = 0;i < 5;i++)
        if(user[i].get_status() == 1)

cout << setw(14)<< user[i].get_name()<< setw(14)<< user[i].get_length()<< endl;
    cout <<"已用空间: "<< 10000 - disk_empty << endl <<"剩余空间 :"<< disk_empty << endl;
    return 1;
}
int Cdisk::login()
{
    char n[10],c[10];
    int i;
    cout <<"请输入用户名与密码,中间用空格隔开"<< endl;
    cin >> n >> c;
    for(i = 0;i < 5;i++)
    {
        if(user[i].get_status())
            if(!strcmp(n,user[i].get_name()))
                if(!strcmp(c,user[i].get_code()))
                {
                    cout <<"登录成功"<< endl;
                    cout <<"欢迎"<< user[i].get_name()<<"登录"<< endl;
                    return i;
                }
                else
                {
                    cout <<"密码错误"<< endl;
                    return -1;
                }
    }
    cout <<"没有这个用户"<< endl;
    return -1;
}

int Cdisk::set_code()
{
```

```cpp
        char temp1[10],temp2[10];
        cout <<"请输入原密码"<< endl;
        cin >> temp1;
        if(strcmp(temp1,code))
        {
            cout <<"原密码错误"<< endl;
            return 0;
        }
        while(1)
        {
            cout <<"请输入新密码"<< endl;
            cin >> temp1;
            cout <<"请再输入新密码"<< endl;
            cin >> temp2;
            if(strcmp(temp1,temp2))
            {
                cout <<"两次输入不一致"<< endl;
                break;
            }
            cout <<"密码设置成功"<< endl;
            strcpy(code,temp1);
        }
        return 1;
}

int Cdisk::new_user()
{
    char n[10],c[10];
    int i = 0;
    for(i = 0;i < 5;i++)
        if(user[i].get_status() == 0)
            break;
    if(i == 5)
    {
        cout <<"已经达到最大用户个数,不能创建"<< endl;
        return 0;
    }
    user[i].set_status(1);
    cout <<"请输入用户名称"<< endl;
    cin >> n;
    cout <<"请输入密码"<< endl;
    cin >> c;
    user[i].set_user(n,c);
    cout <<"用户创建成功"<< endl;
    return1;
}

int Cdisk::first_dele_user()
```

```cpp
{
    char n[10],c;
    int i;
    cout <<"请输入你要删除的用户的名称"<< endl;
    cin >> n;
    for(i = 0;i < 5;i++)
        if(!strcmp(user[i].get_name(),n)&&user[i].get_status())
            break;
    if(i == 5)
    {
        cout <<"此用户不存在"<< endl;
        return 0;
    }
    cout <<"确认删除此用户?确认请按 Y,取消请按其他键"<< endl;
    cin >> c;
    if(c!= 'Y')
    {
        cout <<"已经取消删除"<< endl;
        return 0;
    }
    this -> dele_user(i);
    cout <<"用户删除成功"<< endl;
    return 1;
}


Cuse::Cuse()
{
    status = 0;
    length = 0;
    now = 0;
    Fhead = 0;
    Dhead = 0;
}

Cuse::~Cuse()
{
    disk_empty += length;
    length = 0;
    UFD  * f = Fhead;
    DIR  * d = Dhead;
    while(f!= 0)
    {
        if(f -> next == 0)
        {
            this -> dele_file(f);
            f = 0;
            break;
```

```cpp
            }
            while(f->next->next!=0)
                f = f->next;
            this->dele_file(f->next);
            f->next = 0;
            f = Fhead;
        }
        while(d!=0)
        {
            if(d->next == 0)
            {
                this->dele_dir(d);
                d = 0;
                break;
            }
            while(d->next->next!=0)
                d = d->next;
            this->dele_dir(d->next);
            d->next = 0;
            d = Dhead;
        }
}

int Cuse::new_file()
{
    int i = 0,j = 0;
    UFD  *p = 0;
    p = new UFD;                        //开辟一个新的文件结构体
    if(p == 0)                          //如果 p 已经指向空了,说明没有空间了
    {
        cout <<"无可用内存空间,创建文件失败"<< endl;
        return 1;
    }
    cout <<"请输入建立的文件的名称、长度、属性(0:只读,1:读写)"<< endl;
    cin >> p->name >> p->length >> p->attribute;    //初始化一些文件的参数
    if(p->length > disk_empty) //如果需要的文件长度大于当前系统尚存的空间,则无法创建
    {
        cout <<"作业太大,当前硬盘可用空间为: "<< disk_empty << endl;
        delete p;
        return 0;
    }
    for(i = 0;i < p->length&&i < 10;i++) //如果满足要求,并且 i 小于 10 个结点,则开始分配
        for(j;j < 10000;j++)
            if(disk_block[j] == 0)
            {
                p->a[i] = j;
                disk_block[j] = 1;      //分配后将此块设置为 1,表示已经被使用
```

```
                    j++;
                    break;
                }
        p->p1 = 0;
        p->p2 = 0;
        if(p->length>10)                    //一级索引的实现
        //长度大于10
        {
            p->p1 = new int[100];
            for(i = 10;i<p->length&&i<110;i++)
                for(j;j<10000;j++)
                    /*为当前的文件分配空间,使用位示图法*/
                    if(disk_block[j] == 0)
                    {
                        (p->p1)[i-10] = j;
                        disk_block[j] = 1;
                        j++;
                        break;
                    }
            if(p->length>110)               //文件长度大于110,使用二级索引实现
            {
                p->p2 = new int[100][100];
                for(i = 110;i<p->length;i++)
                    for(j;j<10000;j++)
                        /*采用位示图法分配空间*/
                        if(disk_block[j] == 0)
                        {
                            int m = (i-110)/100;    //得到行号
                            int k = (i-110)%100;    //得到列号
                            p->p2[m][k] = j;
                            disk_block[j] = 1;
                            j++;
                            break;
                        }
            }
        }
    }

int Cuse::new_dir()
{
    DIR *p, *h;
    cout<<"请输入新目录的名字"<<endl;
    p = new DIR;                            //p指向这个新建的目录DIR(新的结构体)
    cin>>p->name;                           //输入目录的名字
    /*初始化该目录的属性*/
    p->Dir_head = 0;
    p->length = 0;
    p->File_head = 0;
```

```cpp
        if(now == 0)                              //如果当前没有目录存在
            h = Dhead;                            //则将该指针 h 指向目录的头部
        else
            h = now -> Dir_head;                  //否则,使 h 指向当前目录链表的头
        while(h!= 0)                              //如果当前已经有目录存在
        {
            if(!strcmp(h -> name,p -> name))//查看目录是否存在
            {
                cout <<"此目录已经存在"<< endl;
                return 0;
            }
            h = h -> next;                        //指向下一个结点,继续判断
        }
        /* 将需要创建的目录插入当前的目录链表中 */
        if(now == 0)                              //当前没有目录存在,创建的目录为第一个
        {
            p -> above = 0;                       //上一个结点指空
            p -> next = Dhead;                    //后继结点指向头,实现双向链表的功能
            Dhead = p;
        }
        else
        {
            p -> above = now;
            p -> next = now -> Dir_head;
            now -> Dir_head = p;
        }
        cout <<"目录创建成功"<< endl;
        return 1;
}

int Cuse::goback()
{
    if(now == 0)
    {
        cout <<"已经是主目录,不能向上"<< endl;
        return 0;
    }
    now = now -> above;
    return 1;
}

int Cuse::open_dir()
{
    char name[10];
    DIR  * p;
    if(now == 0)
        p = Dhead;
    else
```

```cpp
            p = now->Dir_head;
    cout<<"请输入你要打开的目录名称"<<endl;
    cin>>name;
    int flag = 0;
    while(p!=0)
    {
        if(strcmp(p->name,name) == 0)
        {
            now = p;
            return 1;
        }
        p = p->next;
    }
    cout<<"当前目录没有这个目录"<<endl;
    return 0;
}

int Cuse::first_dele_file()
{
    char temp[10];
    cout<<"请输入你要删除的文件名"<<endl;
    cin>>temp;
    UFD *f = Fhead;
    UFD *above = 0;
    if(now!=0)
        f = now->File_head;
    while(f!=0)
    {
        if(!strcmp(f->name,temp))
            break;
        above = f;
        f = f->next;
    }
    if(f == 0)
    {
        cout<<"此文件不存在"<<endl;
        return 0;
    }
    disk_empty += f->length;
    if(now == 0)
    {
        if(f == Fhead)
            Fhead = Fhead->next;
        else
            above->next = f->next;
    }
    else
    {
```

```cpp
            DIR *d = now;
            while(d != 0)                    //修改删除文件后各级目录的大小
            {
                d -> length -= f -> length;
                d = d -> above;
            }
            if(f == now -> File_head)        //删除文件结点
                now -> File_head = now -> File_head -> next;
            else
                above -> next = f -> next;
        }
        length -= f -> length;
        this -> dele_file(f);
        cout <<"删除成功"<< endl;
        return 1;
}
int Cuse::dele_file(UFD *f)
{
    int i = 0, m;
    for(i = 0; i < 10 && i < f -> length; i++)
    {
        m = f -> a[i];
        disk_block[m] = 0;
    }
    if(f -> p1 != 0)
    {
        for(i = 10; i < 110 && i < f -> length; i++)
        {
            m = f -> p1[i - 10];
            disk_block[m] = 0;
        }
        delete [](f -> p1);
    }
    if(f -> p2 != 0)
    {
        for(i = 110; i < f -> length; i++)
        {
            m = (f -> p2)[(i - 110)/100][(i - 110) % 100];
            disk_block[m] = 0;
        }
        delete [](f -> p2);
        delete f;
    }
    f = 0;
    return 1;
}
int Cuse::first_dele_dir()
```

```
{
    char n[10];
    char c;
    DIR *p, *above = 0;
    p = Dhead;
    if(now!= 0)
        p = now->Dir_head;
    cout <<"请输入你要删除的目录的名称"<< endl;
    cin >> n;
    while(p!= 0)
    {
        if(!strcmp(p->name,n))
            break;
        above = p;
        p = p->next;
    }
    if(p == 0)
    {
        cout <<"没有这个目录"<< endl;
        return 0;
    }
    cout <<"你确定要删除当前目录及此目标下面的所有信息吗?按 0 确定,按其他键取消"<< endl;
    cin >> c;
    if(c!= '0')
        return 0;
    disk_empty += p->length;
    if(now == 0)
    {
        if(p == Dhead)
            Dhead = Dhead->next;
        else
            above->next = p->next;
    }
    else
    {
        if(p == now->Dir_head)
            now->Dir_head = now->Dir_head->next;
        else
            above->next = p->next;
        above = now;
        while(above!= 0)                    //修改删除目录后各级目录的大小
        {
            above->length -= p->length;
            above = above->above;
        }
    }
    length -= p->length;
```

```cpp
        this->dele_dir(p);
        p = 0;
        cout <<"删除成功"<< endl;
        return 1;
}

int Cuse::dele_dir(DIR * p)
{
    int flag = 0;
    DIR * d = p->Dir_head;
    UFD * f = p->File_head;
    if(f!= 0)
    {
        while(p->File_head->next!= 0)        //删除此目录下的文件
        {
            f = p->File_head;
            while(f->next->next!= 0)         //寻找最后一个文件结点
                f = f->next;
            this->dele_file(f->next);
            f->next = 0;
        }
        if(p->File_head->next == 0)
        {
            this->dele_file(p->File_head);
            p->File_head = 0;
        }
    }
    if(d!= 0)
    {
        while(p->Dir_head->next!= 0)         //删除此目录下的目录
        {
            d = p->Dir_head;
            while(d->next->next!= 0)         //寻找最后一个文件结点
                d = d->next;
            this->dele_dir(d->next);         //递归调用此函数
            d->next = 0;
        }
        if(p->Dir_head->next == 0)
        {
            this->dele_dir(p->Dir_head);
            p->Dir_head = 0;
        }
    }
    delete p;
    p = 0;
    return 1;
}
```

```cpp
int Cuse::dis_now()
{
    DIR * d = Dhead;
    UFD * f = Fhead;
    if(now!= 0)
    {
        d = now -> Dir_head;
        f = now -> File_head;
    }
    if(d == 0&&f == 0)
    {
        cout <<"当前目标为空目录"<< endl;
        return 0;
    }
    cout <<"当前目录大小: ";
    if(now == 0)
        cout << length;
    else
        cout << now -> length;
    cout << endl;
    if(d == 0)
        cout <<"当前目录下没有目录"<< endl;
    else
    {
        cout <<"当前目录下包含如下目录"<< endl;
        cout << setw(14)<<"目录名称"<< setw(14)<<"目录大小"<< endl;
        while(d!= 0)
        {
            cout << setw(14)<< d -> name << setw(14)<< d -> length << endl;
            d = d -> next;
        }
    }
    if(f == 0)
        cout <<"当前目录下没有文件"<< endl;
    else
    {
        cout <<"当前目录下包含如下文件"<< endl;
        cout << setw(14)<<"文件名称"<< setw(14)<<"文件大小"<< setw(14)<<"文件属性"<< endl;
        while(f!= 0)
        {
            cout << setw(14)<< f -> name << setw(14)<< f -> length << setw(14)<< f -> attribute << endl;
            f = f -> next;
        }
    }
    return 1;
}
```

```cpp
int Cuse::open_file()
{
    char n[10];
    cout <<"请输入你要打开的文件的名称"<< endl;
    cin >> n;
    UFD * f = Fhead;
    if(now!= 0)
        f = now -> File_head;
    while(f!= 0)
    {
        if(!strcmp(f -> name,n))
        {
            cout <<"文件打开成功"<< endl;
            return 1;
        }
        f = f -> next;
    }
    cout <<"当前目录中没有这个文件"<< endl;
    return 0;
}

int Cuse::set_code()
{
    char a1[10],a2[10];
    cout <<"请输入原密码"<< endl;
    cin >> a1;
    if(strcmp(a1,code))
    {
        cout <<"密码错误"<< endl;
        return 0;
    }
    while(1)
    {
        cout <<"请输入新密码"<< endl;
        cin >> a1;
        cout <<"请再次输入新密码"<< endl;
        cin >> a2;
        if(strcmp(a1,a2))
            cout <<"两次输入密码不一致,请重新输入"<< endl;
        else
        {
            strcpy(code,a1);
            cout <<"密码修改成功"<< endl;
            break;
        }
    }
    return 1;
}
```

```cpp
DIR * Cuse::get_now()
{
    return now;
}

int Cuse::set_user(char * n, char * c)
{
    strcpy(name, n);
    strcpy(code, c);
    status = 1;
    return 1;
}

void Cuse::set_status(int b)
{
    status = b;
}

int Cuse::get_status()
{
    return status;
}

const char * Cuse::get_code()
{
    return code;
}
const char * Cuse::get_name()
{
    return name;
}

int Cuse::get_length()
{
    return length;
}

int Cuse::dis_dir(DIR * d)                  //显示当前路径
{
    if(d == 0)
        return 0;
    if(d->above!= 0)
        this->dis_dir(d->above);            //递归调用此函数
    cout << d->name <<'\n';
    return 0;
}
```

```cpp
int Cuse::dis_file()
{
    int i;
    char n[10];
    UFD *f = Fhead;
    if(now!= 0)
        f = now->File_head;
    cout <<"请输入你要查看的文件的名称"<< endl;
    cin >> n;
    while(f!= 0)
    {
        if(!strcmp(n,f->name))
            break;
        f = f->next;
    }
    if(f == 0)
    {
        cout <<"当前目录下没有这个文件"<< endl;
        return 0;
    }
    cout <<"此文件占用的硬盘块号如下: "<< endl;
    for(i = 0;i < f->length&&i < 10;i++)
    {
        cout << setw(6)<< f->a[i];
        if((i+1) % 10 == 0)
            cout << endl;
    }
    for(i = 10;i < f->length&&i < 110;i++)       //显示一级索引块号
    {
        cout << setw(6)<< f->p1[i-10];
        if((i+1) % 10 == 0)
            cout << endl;
    }
    for(i = 110;i < f->length;i++)               //显示二级索引块号
    {
        cout << setw(6)<< f->p2[(i-110)/100][(i-110) % 100];
        if((i+1) % 10 == 0)
            cout << endl;
    }
    cout << endl;
    return 1;
}
int Cuse::dele_user()
{
    length = 0;
    Fhead = 0;
```

```
    Dhead = 0;
    now = 0;
    status = 0;
    return 1;
}
```

main 文件的代码如下:

```
#include "disk.h"
#include <string.h>
#include <iostream.h>
void main()
{
    char c;
    Cdisk D;                              //声明管理员类的对象
    int i = 1, n, flag = 1;
    cout <<"默认用户名 student 密码 123 登录"<< endl;
    while(flag)
    {
        cout <<" ****************************** "<< endl;
        cout <<" *** 1.管理员登录             **** "<< endl;
        cout <<" *** 2.用户登录               **** "<< endl;
        cout <<" *** 3.退出                   **** "<< endl;
        cout <<" ****************************** "<< endl;
        cout <<"请输入选择: ";
        cin >> c;
        switch(c)
        {
        case'1':flag = 1;
                cout <<"登录成功,欢迎管理员登录"<< endl;
                while(flag)
                {
                    cout <<" ******************************"<< endl;
                    cout <<" *** 1.创建用户               **** "<< endl;
                    cout <<" *** 2.删除用户               **** "<< endl;
                    cout <<" *** 3.查看当前用户           **** "<< endl;
                    cout <<" *** 4.修改密码               **** "<< endl;
                    cout <<" *** 5.返回登录窗口           **** "<< endl;
                    cout <<" ******************************"<< endl;
                    cout <<"请输入选择: ";
                    cin >> c;
                    switch(c)
                    {
                    case '1':D.new_user();
                        break;
                    case '2':D.first_dele_user();
                        break;
                    case '3':D.dis_disk();
```

```cpp
                    break;
            case '4':D.set_code();
                    break;
            case '5':flag = 0;
                    break;
            default:cout <<"请输入 1~5"<< endl;
            }
        }
        flag = 1;
        break;
case'2':n = D.login();
        if(n == -1)
            break;
        while(flag)
        {
            cout <<" *****************************"<< endl;
            cout <<" *** 1.创建文件              **** "<< endl;
            cout <<" *** 2.删除文件              **** "<< endl;
            cout <<" *** 3.创建目录              **** "<< endl;
            cout <<" *** 4.删除目录              **** "<< endl;
            cout <<" *** 5.打开目录              **** "<< endl;
            cout <<" *** 6.返回上一层目录        **** "<< endl;
            cout <<" *** 7.查看当前目录信息      **** "<< endl;
            cout <<" *** 8.修改密码              **** "<< endl;
            cout <<" *** 9.查看文件块号          **** "<< endl;
            cout <<" *** 0.退出登录              **** "<< endl;
            cout <<" *****************************"<< endl;
            cout <<"当前目录为: "<< D.user[n].get_name()<<'\n';
            D.user[n].dis_dir(D.user[n].get_now());
            cout << endl;
            cout <<"请输入选择: ";
            cin >> c;
            switch(c)
            {
            case '1':D.user[n].new_file();
                    break;
            case '2':D.user[n].first_dele_file();
                    break;
            case '3':D.user[n].new_dir();
                    break;
            case '4':D.user[n].first_dele_dir();
                    break;
            case '5':D.user[n].open_dir();
                    break;
            case '6':D.user[n].goback();
                    break;
            case '7':D.user[n].dis_now();
                    break;
```

```
                    case '8':D.user[n].set_code();
                        break;
                    case '9':D.user[n].dis_file();
                        break;
                    case '0':flag = 0;
                        break;
                    default: cout <<"请输入 0~9"<< endl;
                    }
                }
                flag = 1;
                break;
        case'3':flag = 0;
                break;
        default:cout <<"请输入 1~3"<< endl;
        }
    }
}
```

7.5 实验结果

文件系统生成后,通过输入相应的数字进行菜单选择,系统中的部分功能如图 7-2 所示。

图 7-2 系统中的部分功能

管理员登录后的界面如图 7-3 所示。

图 7-3 管理员登录后的界面

管理员登录后,可以选择创建用户、删除用户、查看当前用户、修改密码功能,创建新用户的界面如图 7-4 所示。

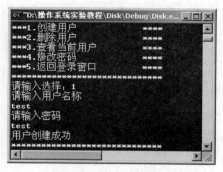

图 7-4　创建新用户界面

删除用户的界面如图 7-5 所示。

图 7-5　删除用户界面

使用 student 用户名登录,普通用户可以选择创建文件、删除文件、创建目录、删除目录、修改密码、查看文件块号等功能,如图 7-6 所示。

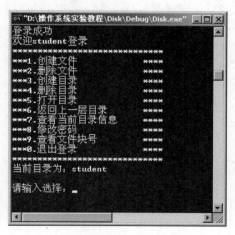

图 7-6　普通用户登录界面

创建目录的界面如图 7-7 所示。

图 7-7　创建目录界面

删除目录的界面如图 7-8 所示,系统的其余功能与此相似。

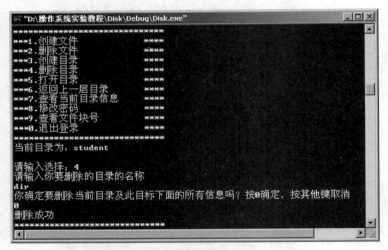

图 7-8　删除目录界面

第 8 章　操作系统接口

8.1　实 验 目 的

理解操作系统的接口设计。

8.2　实 验 内 容

(1) 熟悉 DOS 的基本命令，包括 md、cd、copy、move、del、type 等的使用。
① 在当前目录下建立子目录 TEMP1 和 TEMP2，将当前目录设定为 TEMP。
② 在当前目录下创建新文件 1.txt，其内容为：这是我的记事本。
③ 使用 type 命令显示文件 1.txt 的内容，检查正确后，执行它。
④ 复制 1.txt 到路径 MYTEMP 中。
⑤ 删除 TEMP2 中的文件 1.txt，删除目录 TEMP2。

(2) 编写一个备份桌面所有文件到 D:\desktop 目录的批处理文件，包括 echo、attrib、xcopy 命令的使用。
① 修改该批处理文件的属性为只读、系统、隐藏，这样该文件对于普通用户而言不可见。
② 使用 xcopy 命令在 D 盘创建一个新文件夹，命名为 desktopbak，然后将桌面上所有的文件及文件夹（包括子文件夹）都复制到 D:\desktopbak。
③ 修改 D:\desktopbak 的文件夹属性为只读、系统、隐藏，这样该文件对于普通用户而言不可见。
④ 批处理文件的建立、编辑。使用记事本编辑后，另存为的文件名称为 Desktopcopy.bat，即创建了文件名为 Desktopcopy 的批处理文件。

(3) 理解 Windows 操作系统下的编程接口原理，了解 WINAPI，利用 WINAPI 实现 Windows 操作系统下的打印。
① 登录并进入 Windows 操作系统。
② 执行"开始"→"程序"→"Microsoft Visual Studio 6.0"→"Microsoft Visual C++ 6.0"命令，进入 Visual C++ 窗口。
③ 在 File 菜单中选择 New Workspace 命令，创建 PrintApp.dsw 项目文件。
④ 在 File 菜单中选择 New C++ Source file 命令，创建新的原文件。
⑤ 编写代码、调试并运行正确。

⑥ 执行结果,理解各个函数的功能。

8.3 实验准备

在 Windows 操作系统下,基本的打印过程一般有如下六步。
① 调用 CreateDC()函数获得打印机 DC(设备描述环境)。
② 调用 StartDoc()函数启动文档。
③ 调用 StartPage()函数打印一页。
④ 把文档提交给打印机 DC。
⑤ 调用 EndPage()函数,结束该页的打印。
对文档中要打印的每一页都重复步骤③~步骤⑤。
⑥ 调用 EndDoc()函数结束打印任务。

为了确定与系统相连接的打印机的型号,应用程序必须搜索用户的 WIN.INI 文件或调用 Windows 的 EnumPrinters() API 函数。而调用 EnumPrinters() 函数是最容易的方法。

EnumPrinters()函数的定义如下所示:

```
BOOL EnumPrinters(
    DWORD Flags,
    LPTSTR Name,
    DWORD Level,
    LPBYTE pPrinterEnum,
    DWORD cbBuf,
    LPDWORD pcbNeeded,
    LPDWORD pcReturned,
);
```

函数中各参数的描述如表 8-1 所示。

表 8-1 EnumPrinters()函数中各参数的含义

参数	含义
Flags	表明所需打印机类型的标志
Name	打印机对象的名称
Level	打印机信息结构的类型
pPrintereEum	指向打印机信息结构的指针
cbBuf	打印机信息数组的大小
pcbNeeded	指向保存复制到打印机信息数组中的字节数变量的指针
pcReturned	指向保存复制到数组中的打印机信息结构的变量的指针

其中某些参数根据打印机的描述不同而具有许多不同的值。但是,大部分情况下,我们关心的只是获得默认的打印机。为了对应用程序进行编程,以便要求 Windows 提供默认的打印机,可使用如下代码:

```
PRINTER_INFO_5 printerInfo5[3];
DWORD needed, returned;
EnumPrinters(PRINTER_ENUM_DEFAULT, NULL, 5, (LPBYTE) printerInfo5,
    sizeof(printerInfo5) , &needed, &returned);
```

如果上述代码段执行成功,那么在第一个打印机信息结构的 pPrinteName 成员中就有了默认打印机的名称。可以按以下方式来访问该成员:

```
printerInfo5[0].pPrinterName
```

为了给打印机创建打印机设备上下文(Device Context,DC),需要准确地知道打印机的名称。为了获得该 DC,可调用 CreateDC():

```
HDC printDC;
printDC = CreateDC(NULL, printerInfo5[0].pPrinterName, NULL, NULL);
```

这里,把打印机的系统名称作为第二个参数,其余参数都应该为 NULL。

一旦有了用户打印机的 DC,就可以开始打印文档。首先,调用 Windows API 函数 StartDoc(),开始把文档发送到系统的后台打印程序中。函数调用成功则返回打印机任务的标识符;否则返回小于或等于零的值。

StartDoc()的一个参数是指向 DOCINFO 结构的指针。必须初始化此结构的成员才能调用 StartDoc()。在大多数情况下,只需将此结构的大小放在 cbSize 成员中,把指向文档名称的指针放在 lpszDocName 成员中,其余成员可以是 NULL 或零。整个过程类似于如下代码片段:

```
char docName[ ] = "RectangleDoc";
DOCINFO docInfo;
docInfo.cbSize = sizeof(docInfo);
docInfo.lpszDocName = docName;
docInfo.lpszOutput = NULL;
docInfo.lpszDatatype = NULL;
docInfo.fwType = 0;

result = StartDoc(printDC, &docInfo);
if (result <= 0)
{
    MessageBox(0, "StartDoc() failed" ,
        "Basic Print App", MB_OK | MB_ICONERROR);
    return;
}
```

如果调用 StartDoc()成功,则可以通过调用 StartPage()来打印第一页。StartPage()函数只有单一参数,即打印机的 DC。函数调用成功则返回大于零的值,否则返回小于或等于零的值。打印第一页的代码类似如下代码片断:

```
result = StartPage(printDC);
if (result <= 0)
{
    MessageBox(0, "StartPage() failed",
        "Basic Print App" , MB_OK | MB_ICONERROR
    return;
}
```

一旦开始打印第一页,那么只需要把输出导向打印机 DC。由于屏幕上的点的大小与大多数打印机上的点的大小不同,所以通常还需要缩放发往打印机的数据。

打印一页之后,可调用 EndPage() 函数以结束当前页。与 StartPage() 一样,EndPage() 需要打印机 DC 作为其唯一的参数。EndPage() 调用成功,则返回大于零的值;如果不成功,则返回零或小于零的值。结束一页的代码类似于如下代码片断:

```
result = EndPage(printDC);
if (result <= 0)
{
    MessageBox(0, "EndPage() = failed",
        "Basic Print App", MB_OK | MB_ICONERROR
    return;
}
```

至此,应用程序可再一次调用 StartPage() 以打印另一页,也可调用 EndDoc() 以结束打印任务,代码如下:

```
EndDoc(printDC);
```

8.4　程 序 示 例

(1) desktopcopy.bat 批处理文件的源代码如下:

```
@echo off
echo begin backup desktop,please wait…
echo 开始备份桌面文件,请等待…
pause
attrib +r +s +h desktopcopy.bat
xcopy *.* d:\desktopbak /s /e /k /y /i
attrib +r +s +h d:\desktopbak
echo copy finished
```

(2) PrintApp 示例应用程序如下:

```
#include <windows.h>
#include <stdlib.h>
```

```c
#include <string.h>
#include <tchar.h>
//全局变量
//主窗口类名
static TCHAR szWindowClass[] = _T("Basic Print");
//程序标题栏显示的字符串
static TCHAR szTitle[] = _T("Basic Print Application");
HINSTANCE hInst;
//函数声明
LRESULT CALLBACK WndProc(HWND, UINT, WPARAM, LPARAM);
void PrintRectangle();

int WINAPI WinMain(HINSTANCE hInstance,
                   HINSTANCE hPrevInstance,
                   LPSTR lpCmdLine,
                   int nCmdShow)
{
    WNDCLASSEX wcex;

    wcex.cbSize = sizeof(WNDCLASSEX);
    wcex.style          = CS_HREDRAW | CS_VREDRAW;
    wcex.lpfnWndProc    = WndProc;
    wcex.cbClsExtra     = 0;
    wcex.cbWndExtra     = 0;
    wcex.hInstance      = hInstance;
    wcex.hIcon          = LoadIcon(hInstance, MAKEINTRESOURCE(IDI_APPLICATION));
    wcex.hCursor        = LoadCursor(NULL, IDC_ARROW);
    wcex.hbrBackground  = (HBRUSH)(COLOR_WINDOW + 1);
    wcex.lpszMenuName   = NULL;
    wcex.lpszClassName  = szWindowClass;
    wcex.hIconSm        = LoadIcon(wcex.hInstance, MAKEINTRESOURCE(IDI_APPLICATION));

    if (!RegisterClassEx(&wcex))
    {
        MessageBox(NULL,
            _T("Call to RegisterClassEx failed!"),
            szTitle,
            NULL);

        return 1;
    }

    hInst = hInstance;        //在全局变量中存储实例句柄

    //创建窗口函数的参数如下
    // szWindowClass: 程序名称
    // szTitle: 窗口标题
    // WS_OVERLAPPEDWINDOW: 创建窗口的类型
```

```c
    // CW_USEDEFAULT, CW_USEDEFAULT: 初始窗口位置(x, y)
    // 500, 100: 初始窗口大小 (width, length)
    // NULL: 父窗口
    // NULL: 该应用程序没有菜单
    // hInstance: 从 WinMain 获得第一个参数
    // NULL: 程序中未使用
    HWND hWnd = CreateWindow(
        szWindowClass,
        szTitle,
        WS_OVERLAPPEDWINDOW,
        CW_USEDEFAULT, CW_USEDEFAULT,
        500, 100,
        NULL,
        NULL,
        hInstance,
        NULL
    );

    if (!hWnd)
    {
        MessageBox(NULL,
            _T("Call to CreateWindow failed!"),
            szTitle,
            NULL);

        return 1;
    }

    // ShowWindow 函数参数如下
    // hWnd: CreateWindow 返回值
    // nCmdShow: WinMain 的第 4 个参数
    ShowWindow(hWnd,
        nCmdShow);
    UpdateWindow(hWnd);

    // 消息循环
    MSG msg;
    while (GetMessage(&msg, NULL, 0, 0))
    {
        TranslateMessage(&msg);
        DispatchMessage(&msg);
    }

    return (int) msg.wParam;
}

// 函数: WndProc(HWND, UINT, WPARAM, LPARAM)
// 功能: 处理主窗口消息
```

```cpp
// WM_PAINT: 绘制主窗口
// WM_DESTROY: 销毁窗口
LRESULT CALLBACK WndProc(HWND hWnd, UINT message, WPARAM wParam, LPARAM lParam)
{
    PAINTSTRUCT ps;
    HDC hdc;
    TCHAR Print[] = _T("Click in the window to print.");

    switch (message)
    {
    case WM_PAINT:
        hdc = BeginPaint(hWnd, &ps);

        // 窗口显示
        // 在窗口左上角显示"Click in the window to print"字符串
        TextOut(hdc,
            5, 5,
            Print, _tcslen(Print));
        // 结束

        EndPaint(hWnd, &ps);
        break;
    case WM_LBUTTONDOWN:
        PrintRectangle();
        return 0;
    case WM_DESTROY:
        PostQuitMessage(0);
        break;
    default:
        return DefWindowProc(hWnd, message, wParam, lParam);
        break;
    }

    return 0;
}
void PrintRectangle()
{
    HDC PrintDC;
    DOCINFO docInfo;
    TCHAR docName[] = _T("RectangleDoc");
    int result;
    DWORD size;

    // 第 1 步：获得打印机的 DC
    GetDefaultPrinter(NULL,&size);
    TCHAR *PrintName = new TCHAR[size];
    GetDefaultPrinter(PrintName,&size);
    PrintDC = CreateDC(NULL,
```

```
            PrintName, NULL, NULL);

    // 第 2 步：调用 StartDoc()
    docInfo.cbSize = sizeof(docInfo);
    docInfo.lpszDocName = (LPCWSTR)docName;
    docInfo.lpszOutput = NULL;
    docInfo.lpszDatatype = NULL;
    docInfo.fwType = 0;
    result = StartDoc(PrintDC, &docInfo);
    if (result <= 0)
    {
        MessageBox(0, _T("StartDoc() failed"),
            szTitle, MB_OK|MB_ICONERROR);
        return;
    }

    // 第 3 步：调用 StartPage()
    result = StartPage(PrintDC);
    if (result <= 0)
    {
        MessageBox(0, _T("StartPage() failed"),
            szTitle, MB_OK | MB_ICONERROR);
        return;
    }

    // 第 4 步：打印数据
    Rectangle(PrintDC, 20, 20, 1000, 200);
    TextOut(PrintDC, 100, 90, _T("Windows API"), 11);

    // 第 5 步：调用 EndPage()
    result = EndPage(PrintDC);
    if (result <= 0)
    {
        MessageBox(0, _T("EndPage() failed"),
            szTitle, MB_OK|MB_ICONERROR);
        return;
    }

    // 第 6 步：调用 EndDOC()
    EndDoc(PrintDC);
    MessageBox(0, _T("Document printed"),szTitle,
        MB_OK|MB_ICONINFORMATION);
}
```

8.5 实验结果

当双击 desktopcopy.bat 文件时,打开的界面如图 8-1 所示。按任意键后将桌面的所有文件夹和文件备份到 D:\desktopbak 目录中。

图 8-1 桌面备份程序界面

第二部分
基于Linux环境的实验

第 9 章　进程管理

9.1　实验目的

(1) 理解进程的概念，明确进程和程序的区别。
(2) 理解并发执行的实质。
(3) 掌握进程的睡眠、同步、撤销等进程控制方法。

9.2　实验内容

1. 进程的创建

(1) 编写一段源程序，使系统调用 fork() 函数创建两个子进程，当此程序运行时，在系统中有一个父进程和两个子进程活动。让每一个进程在屏幕上显示一个字符：父进程显示字符"a"；子进程分别显示字符"b"和字符"c"。试观察记录屏幕上的显示结果，并分析原因。

(2) 修改已编写的程序，将每个进程输出一个字符改为每个进程输出一句话，再观察程序执行时屏幕出现的现象，并分析原因。

2. 进程的控制

(1) 用 fork() 函数创建一个进程，再调用 exec() 函数用新的程序替换该子进程的内容。

(2) 利用 wait() 函数来控制进程的执行顺序。

9.3　实验准备

9.3.1　进程

Linux 中，进程既是一个独立拥有资源的基本单位，又是一个独立调度的基本单位。一个进程实体由若干区(段)组成，包括程序区、数据区、栈区、共享存储区等。每个区又分为若干页，每个进程配置有唯一的进程控制块 PCB，用于控制和管理进程。

PCB 的数据结构如下。

1. 进程表项

进程表项(Process Table Entry)包括一些最常用的核心数据，如进程控制符(PID)、用户标识符(UID)、进程状态、事件描述符、进程和 U 区在内存或外存的地址、软中断信号、计时域、进程的大小、偏置值 Nice、指向就绪队列中下一个 PCB 的指针 P_Link、指向 U 区的进程正文、数据及栈在内存区域的指针等。

2. U 区

U 区(U Area)用于存放进程表项的一些扩充信息。每一个进程都会有一个私用的 U 区,其中包含进程表项指针、真实用户标识符(u-ruid)(real user ID)、有效用户标识符(u-euid)(effective user ID)、用户文件描述符表、计时器、内部 I/O 参数、限制字段、差错字段、返回值、信号处理数组。

3. 系统区表项

系统区表项用来存放各个段在物理存储器中的位置等信息。系统把一个进程的虚地址空间划分为若干连续的逻辑区,有正文区、数据区、栈区等。这些区是可被共享和保护的独立实体,多个进程可共享一个区。为了对区进行管理,核心中设置了一个系统区表,各表项中记录了以下有关描述活动区的信息:区的类型和大小、区的状态、区在物理存储器中的位置、引用计数、指向文件索引结点的指针。

4. 进程区表

系统为每个进程配置了一张进程区表。其中的每一项记录一个区的起始虚地址及指向系统区表中对应的区表项。内核通过查找进程区表和系统区表便可将区的逻辑地址变换为物理地址。

9.3.2 所涉及的系统调用

1. fork()

创建一个新进程。
系统调用的格式如下:

```
Pid = fork()
```

参数定义:

```
int fork()
```

fork()返回值的意义如下:
- 0:在子进程中,Pid 变量保存的 fork()返回值为 0,表示当前进程是子进程。
- >0:在父进程中,Pid 变量保存的 fork()返回值为子进程的 id 值(进程唯一标识符)。
- -1:创建失败。

如果 fork()调用成功,它向父进程返回子进程的 pid,并向子进程返回 0,即 fork()被调用了一次,但返回了两次。此时 OS 在内存中建立一个新进程,所建的新进程是调用 fork()父进程(Parent Process)的副本,称为子进程(Child Process)。子进程继承了父进程的许多特性,并具有父进程完全相同的用户级上下文,父进程与子进程并发执行。

执行 fork()，内核会完成以下操作。

1) 为新进程分配一个进程表项和进程标识符

进入 fork() 后，内核会检查系统是否有足够的资源来建立一个新进程。若资源不足，则 fork() 系统调用失败；否则，核心为新进程分配一进程表项和唯一的进程标识符。

2) 检查同时运行的进程数目

超过预先规定的最大数目时，fork() 系统调用失败。

3) 复制进程表项中的数据

将父进程的当前目录和所有已打开的数据复制到子进程表项中，并置进程的状态为"创建"状态。

4) 子进程继承父进程的所有文件

对父进程当前目录和所有已打开的文件表项中的引用计数加 1。

5) 为子进程创建进程上、下文

进程创建结束，设子进程状态为"内存中就绪"并返回子进程的标识符。

6) 子进程的执行

虽然父进程与子进程的程序完全相同，但每个进程都有自己的程序计数器 PC，然后根据 Pid 变量保存的 fork() 返回值的不同，执行了不同的分支语句。

2. exec() 系列

exec() 系列也可用于新程序的运行。fork() 只是将父进程的用户级上下文复制到新进程中，而 exec() 系列可以将一个可执行的二进制文件覆盖在新进程的用户级上下文的存储空间上，以更改新进程的用户级上下文。exec() 系列中的系统调用都完成相同的功能，它们通过把一个新程序装入内存来改变调用进程的执行代码，从而形成新进程。如果 exec() 调用成功，则没有任何数据返回，这与 fork() 不同。exec() 系列调用在 Linux 系统的 unistd.h 库中，共有 execl、execlp、execv、execvp 五个，其基本功能相同，只是以不同的方式来给出参数。

可直接给出参数的指针，如：

```
Int execl(path,arg0[,arg1,…argn],0);
Char * path, * argv[];
```

3. exec() 和 fork() 联合使用

exec() 和 fork() 联合使用能为程序开发提供有力支持。先用 fork() 建立子进程，然后再在子进程中使用 exec()，这样就实现了父进程与一个和它完全不同的子进程的并发执行。

一般，wait()、exec() 联合使用的模型如下：

```
int status;
    …
if(fork() == 0)
    {
    …;
    execl(…);
```

```
            …;
       }
wait(&status);
```

4. wait()

wait()用于等待子进程运行结束。如果子进程没有完成,则父进程一直等待。wait()将调用进程挂起,直至其子进程因暂停或终止而发来软中断信号。如果在 wait()前已有子进程暂停或终止,则调用进程进行适当处理后便返回。

系统调用的格式如下:

```
int wait(status)
int * status;
```

其中,status 是用户空间的地址。它的低 8 位反应子进程状态,为 0 表示子进程正常结束,非 0 则表示出现了各种各样的问题;高 8 位则带回了 exit()的返回值。exit()返回值由系统给出。

核心对 wait()进行以下处理:

(1) 查找调用进程是否有子进程,若无,则返回出错码。

(2) 若找到一处于"僵死状态"的子进程,则将子进程的执行时间加到父进程的执行时间上,并释放子进程的进程表项。

(3) 若未找到处于"僵死状态"的子进程,则调用进程便在可被中断的优先级上睡眠,等待其子进程发来软中断信号时被唤醒。

5. exit()

exit()用于终止进程的执行。

系统调用的格式如下:

```
void exit(status)
int status;
```

其中,status 是返回给父进程的一个整数,以便后续父进程查询该子进程的终止状态。

为了及时回收进程所占用的资源并减少父进程的干预,LINUX 利用 exit()来实现进程的自我终止,通常父进程在创建子进程时应在进程的末尾安排一条 exit(),使子进程自我终止。exit(0)表示进程正常终止,exit(1)表示进程运行出错,异常终止。

如果调用进程在执行 exit()时,其父进程正在等待它的终止,则父进程可立即得到其返回的整数。核心须为 exit()完成以下操作。

(1) 关闭软中断。

(2) 回收资源。

(3) 写记账信息。

(4) 置进程为"僵死状态"。

9.4 程序示例

系统调用 fork() 创建两个子进程,当此程序运行时,在系统中有一个父进程和两个子进程活动。编程实现让每一个进程在屏幕上显示一个字符:父进程显示字符"a";子进程分别显示字符"b"和字符"c"。代码如下:

```c
#include<stdio.h>
main()
{
int p1,p2;
    if(p1=fork())                    /*子进程创建成功*/
        putchar('b');
    else
    {
        if(p2=fork())                /*子进程创建成功*/
        putchar('c');
            else putchar('a');       /*父进程执行*/
    }
}
```

将上述程序进行一定的修改,将每个进程输出一个字符改为每个进程输出一句话。代码如下:

```c
#include<stdio.h>
main()
{
 int p1,p2,i;
 if(p1=fork())
            for(i=0;i<500;i++)
                printf("child %d\n",i);
else
{
    if(p2=fork())
        for(i=0;i<500;i++)
        printf("son %d\n",i);
    else
        for(i=0;i<500;i++)
        printf("daughter %d\n",i);
    }
}
```

用 fork() 创建一个进程,再调用 exec() 用新的程序替换该子进程的内容,利用 wait() 来控制进程的执行顺序。代码如下:

```c
#include <stdio.h>
#include <unistd.h>
main()
{
    int pid;
    pid = fork();                            /*创建子进程*/
    switch(pid)
        {
        case -1:                             /*创建失败*/
                printf("fork fail\n");
                exit(1);
        case  0:                             /*子进程*/
                execl("/bin/ls","ls","-1","-color",NULL);
                printf("exec fail!\n");
                exit(1)
        default:                             /*父进程*/
                wait(NULL);                  /*同步*/
                printf("ls completed!\n");
                exit(0);
        }
}
```

9.5　实 验 结 果

（1）系统调用 fork()创建两个子进程，当此程序运行时，在系统中有一个父进程和两个子进程活动。让每一个进程在屏幕上显示一个字符：父进程显示字符"a"；子进程分别显示字符"b"和字符"c"，运行结果如下。

bca,bac,abc,…都有可能。

（2）将上述程序进行一定的修改，将每个进程输出一个字符改为每个进程输出一句话。运行结果如下。

```
child….
son…
daughter…
daughter…
```

或

```
…child
…son
…child
…son
…daughter
```

分析原因：

① fork()创建进程所需的时间多于输出一个字符的时间,因此在主进程创建进程2的同时,进程1就输出了"b",而进程2和主程序的输出次序是有随机性的,所以会出现上述结果。

② 由于函数 printf()输出的字符串之间不会被中断,因此,字符串内部的字符顺序输出时不变。但是,由于进程并发执行时的调度顺序和父子进程的抢占处理机问题,输出字符串的顺序和先后随着执行的不同而发生变化。这与打印单字符的结果相同。

(3) 用 fork()创建一个进程,再调用 exec()用新的程序替换该子进程的内容,利用 wait()来控制进程的执行顺序。运行结果如下。

执行命令 ls -1 -color,(按倒序)列出当前目录下所有文件和子目录;

```
ls completed!
```

分析原因:

程序在调用 fork()建立一个子进程后,马上调用 wait()。使父进程在子进程结束之前一直处于睡眠状态。子进程用 exec()装入命令 ls,exec()执行后,子进程的代码被 ls 的代码取代,这时子进程的 PC 指向 ls 的第 1 条语句,开始执行 ls 的命令代码。

第 10 章　进程调度

10.1　实验目的

（1）理解 Linux 管理进程所用到的数据结构。
（2）理解 Linux 的进程调度算法的处理逻辑及其实现所用到的数据结构。

10.2　实验内容

（1）通过查阅参考书或者从网络上查找资料，熟悉/usr/src/linux（注意：这里的最后一级目录名可能是个含有具体内核版本号和 linux 字符串的名字）下各子目录的内容，即所含 Linux 源代码的情况。
（2）分析 Linux 进程调度有关函数的源代码，主要是 schedule()函数，并且对它们引用的头文件等一并进行分析。
（3）归纳总结出 Linux 的进程调度算法及其实现所用的主要数据结构。

10.3　实验准备

1. Linux 进程状态的描述
Linux 将进程状态描述为如下 5 种。
- TASK_RUNNING：可运行状态。处于该状态的进程可以被调度执行而成为当前进程。
- TASK_INTERRUPTIBLE：可中断的睡眠状态。处于该状态的进程在所需资源有效时被唤醒，也可以通过信号或定时中断唤醒。
- TASK_UNINTERRUPTIBLE：不可中断的睡眠状态。处于该状态的进程仅当所需资源有效时被唤醒。
- TASK_ZOMBIE：僵死状态。表示进程结束且已释放资源，但其 task_struct 仍未释放。
- TASK_STOPPED：暂停状态。处于该状态的进程通过其他进程的信号才能被唤醒。

2. 进程的虚拟地址空间
调度方式 Linux 中的每个进程都分配有一个相对独立的虚拟地址空间。该虚存空间分为两部分：用户空间和内核空间。用户空间包含了进程本身的代码和数据；内核空间包含了操作系统的代码和数据。Linux 采用"有条件的可剥夺"调度方式。对于普通进程,当其时间片结束时,调度程序挑选出下一个处于 TASK_RUNNING 状态的进程作为当前进程(自愿调度)。对于实时进程,若其优先级足够高,则会从当前的运行进程中抢占 CPU 成为新的当前进程(强制调度)。发生强制调度时,若进程在用户空间中运行,就会直接被剥夺 CPU;若进程在内核空间中运行,即使迫切需要其放弃 CPU,也仍要等到从系统空间返回的前夕它才被剥夺 CPU。

3. 调度策略

1) SCHED_OTHER

SCHED_OTHER 是面向普通进程的时间片轮转策略。采用该策略时,系统为处于 TASK_RUNNING 状态的每个进程分配一个时间片。当时间片用完时,进程调度程序再选择下一个优先级相对较高的进程,并授予 CPU 使用权。

2) SCHED_FIFO

SCHED_FIFO 策略适用于对响应时间要求比较高,运行所需时间比较短的实时进程。采用该策略时,各实时进程按其进入可运行队列的顺序依次获得 CPU。除了因等待某个事件主动放弃 CPU,或者出现优先级更高的进程而剥夺其 CPU 之外,该进程将一直占用 CPU。

3) SCHED_RR

SCHED_RR 策略适用于对响应时间要求比较高,运行所需时间比较长的实时进程。采用该策略时,各实时进程按时间片轮流使用 CPU。当一个运行进程的时间片用完后,进程调度程序停止其运行并将其置于可运行队列的末尾。

4. 相关函数

1) schedule() 函数

schedule() 函数首先对所有任务(进程)进行检测,唤醒任何一个得到信号的任务。具体方法是针对任务数组中的每个任务,检查其报警定时值 alarm。如果任务的 alarm 时间已经过期(alarm < jiffies),则在它的信号位图中设置 SIGALRM 信号,然后清 alarm 值。jiffies 是系统从开机开始算起的嘀嗒数(10ms/嘀嗒),在 sched.h 中定义。如果进程的信号位图中除去被阻塞的信号外还有其他信号,并且任务处于可中断睡眠状态 (TASK_INTERRUPTIBLE),则置任务为就绪状态(TASK_RUNNING)。

2) sleep_on() 函数

sleep_on() 函数的主要功能是当一个进程(或任务)所请求的资源正忙或不在内存中时暂时切换出去,放在等待队列中等待一段时间,当切换回来后再继续运行。放入等待队列的方式是利用了函数中 tmp 指针作为各个正在等待任务的联系。

3) wake_up() 函数

唤醒操作函数 wake_up() 把正在等待可用资源的指定任务置为就绪状态。该函数是一个通用唤醒函数。在有些情况下,如读取磁盘上的数据块,由于等待队列中的任何一个任务都可能被先唤醒,因此还需要把被唤醒任务结构的指针置空。这样,在其后进入睡眠的进程被唤醒而又重新执行 sleep_on() 函数时,就无须唤醒该进程了。

10.4 程序示例

为了较为清晰地说明 Linux 下进程调度所使用的函数及其调度过程，本示例程序提取了 Linux 早期版本 0.11 的部分代码作为参考。

```c
/*    linux/kernel/sched.c    */
#include <linux/sched.h>      //调度程序头文件.定义了任务结构 task_struct 和第 1 个初始
                              //任务的数据,以及一些以宏的形式定义的有关描述符参数设置
                              //和获取的嵌入式汇编函数程序
#include <linux/kernel.h>     //内核头文件.含有一些内核常用函数的原形定义
#include <linux/sys.h>        //系统调用头文件.含有 72 个系统调用的 C 语言函数的处理程序,
                              //以'sys_'开头
#include <asm/system.h>       //系统头文件.定义了设置或修改描述符/中断门等的嵌入式
                              //汇编宏
#include <asm/io.h>           //io 头文件.定义硬件端口输入/输出宏汇编语句
#include <asm/segment.h>      //段操作头文件.定义了有关段寄存器操作的嵌入式汇编函数
#include <signal.h>           //信号头文件.定义信号符号常量、sigaction 结构、操作函数原型
#define _S(nr) (1<<((nr)-1))  //取信号 nr 在信号位图中对应位的二进制数值,信号编号为 1~32
#define _BLOCKABLE (~(_S(SIGKILL) | _S(SIGSTOP)))    //除 SIGKILL 和 SIGSTOP 信号
                                                     //以外,其他信号都是可阻塞的
//显示任务号 nr 的进程号、进程状态和内核堆栈空闲字节数
void show_task(int nr,struct task_struct * p)
{
    int i,j = 4096 - sizeof(struct task_struct);
    printk("%d: pid = %d, state = %d, ",nr,p->pid,p->state);
    i = 0;
    while (i<j && !((char *)(p+1))[i])
        i++;
    printk("%d (of %d) chars free in kernel stack\n\r",i,j);
}
//显示所有任务的任务号、进程号、进程状态和内核堆栈空闲字节数
void show_stat(void)
{
    int i;
    for (i = 0;i<NR_TASKS;i++)
        if (task[i])
            show_task(i,task[i]);
}
void schedule(void)
{
    int i,next,c;
    struct task_struct ** p;
/* 检测 alarm(进程的报警定时值),唤醒任何一个已得到信号的可中断任务 */
//从任务数组中的最后一个任务开始检测 alarm
```

```c
        for(p = &LAST_TASK; p > &FIRST_TASK; --p)
            if (*p) {
//如果设置过任务的定时值 alarm,并且已经过期(alarm < jiffies),则在信号位图中置
// SIGALARM 信号,即向任务发送 SIGALARM 信号,然后清 alarm.该信号的默认操作是终止进程
                if ((*p)->alarm && (*p)->alarm < jiffies) {
                        (*p)->signal |= (1<<(SIGALARM-1));
                        (*p)->alarm = 0;
                    }
//如果信号位图中除被阻塞的信号外还有其他信号,并且任务处于可中断状态,则置任务
//为就绪状态.其中'~(_BLOCKABLE & (*p)->blocked)'用于忽略被阻塞的信号,但 SIGKILL
//和 SIGSTOP 不能被阻塞
                if (((*p)->signal & ~(_BLOCKABLE & (*p)->blocked)) &&
                    (*p)->state == TASK_INTERRUPTIBLE)
                        (*p)->state = TASK_RUNNING;
            }
    while (1) {
        c = -1;
        next = 0;
        i = NR_TASKS;
        p = &task[NR_TASKS];
//从任务数组的最后一个任务开始循环处理,并跳过不含任务的数组槽.比较
//每个就绪状态任务的 counter(任务运行时间的递减滴答计数)值,谁的值大且运行时
//间不长,next 就指向谁的任务号
        while (--i) {
            if (!*--p)
                continue;
            if ((*p)->state == TASK_RUNNING && (*p)->counter > c)
                c = (*p)->counter, next = i;
        }
//如果比较得出有 counter 值大于 0 的结果,则退出循环,执行任务切换
        if (c) break;
//否则就根据每个任务的优先权值更新每个任务的 counter 值,然后重新比较
//counter 值的计算方式为 counter = counter /2 + priority
        for(p = &LAST_TASK; p > &FIRST_TASK; --p)
            if (*p)
                (*p)->counter = ((*p)->counter >> 1) +
                        (*p)->priority;
    }
    switch_to(next);                    //切换到任务号为 next 的任务,并运行
}
//pause()系统调用.转换当前任务的状态为可中断的等待状态,并重新调度
int sys_pause(void)
{
    current->state = TASK_INTERRUPTIBLE;
    schedule();
    return 0;
}
//把当前任务置为不可中断的等待状态,并让睡眠队列头的指针指向当前任务
```

```c
void sleep_on(struct task_struct ** p)
{
    struct task_struct * tmp;

    if (!p)
        return;
    if (current == &(init_task.task))
        panic("task[0] trying to sleep");
    tmp = *p;
    *p = current;
    current->state = TASK_UNINTERRUPTIBLE;
    schedule();
    if (tmp)
        tmp->state = 0;
}
//唤醒指定任务 *p
void wake_up(struct task_struct ** p)
{
    if (p && *p) {
        (**p).state = 0;
        *p = NULL;
    }
}
//系统调用功能 - 设置报警定时值(秒)
//如果参数 seconds > 0,则设置新的定时值并返回原定时值.否则返回 0
int sys_alarm(long seconds)
{
    int old = current->alarm;
    if (old)
        old = (old - jiffies) / HZ;
    current->alarm = (seconds > 0)?(jiffies + HZ * seconds):0;
    return (old);
}
```

第11章 进程间的通信

11.1 实验目的

(1) 理解管道机制、消息缓冲队列、共享存储区机制进行进程间的通信。
(2) 理解通信机制。

11.2 实验内容

1. 使用管道来实现父子进程之间的进程通信

子进程向父进程发送自己的进程标识符,以及字符串"is sending a message to parent!"。父进程则通过管道读出子进程发来的消息,将消息显示在屏幕上,然后终止。

2. 使用消息缓冲队列来实现 client 进程和 server 进程之间的通信

server 进程先建立一个关键字为 SVKEY(如 75)的消息队列,然后等待接收类型为 REQ(如 1)的消息;在收到请求消息后,它便显示字符串"serving for client"和接收到的 client 进程的进程标识数,表示正在为 client 进程服务;然后再向 client 进程发送应答消息,该消息的类型是 client 进程的进程标识数,而正文则是 server 进程自己的标识 ID。client 进程则向消息队列发送类型为 REQ 的消息(消息的正文为自己的进程标识 ID)以取得 server 进程的服务,并等待 server 进程发来的应答;然后显示字符串"receive reply from"和接收到的 server 进程的标识 ID。

3. 使用共享存储区来实现两个进程之间的进程通信

进程 A 创建一个长度为 512 字节的共享内存,并显示写入该共享内存的数据;进程 B 将共享内存附加到自己的地址空间,并向共享内存中写入数据。

11.3 实验准备

1. 管道

管道是 Linux 支持的最初 UNIX IPC(进程间通信)形式之一,具有以下特点。
(1) 管道是半双工的,数据只能向一个方向流动;需要双方进行通信时,要建立起两个管道。
(2) 只能用于父子进程或者兄弟进程之间(具有亲缘关系的进程)。
(3) 单独构成一种独立的文件系统:对于管道两端的进程而言,管道就是一个文件,但它不是普通的文件,它不属于某种文件系统,而是自立门户,单独构成一种文件系统,并且只存在于内存中。

(4) 数据的读出和写入:一个进程向管道中写的内容被管道另一端的进程读出。写入的内容每次都添加在管道缓冲区的末尾,并且每次都是从缓冲区的头部读出数据。

管道通过系统调用 pipe()函数来实现,函数的功能如下。

原型:

```
int pipe(int fd[2])
```

参数:fd[0] 用于读取管道,fd[1] 用于写入管道。

返回值:如果系统调用成功,则返回 0;如果系统调用失败,则返回-1。

返回值可能出现如下错误。

(1) EMFILE:表示没有空闲的文件描述符。
(2) ENFILE:表示系统文件表已满。
(3) EFAULT:表示 fd 数组无效。

注意:fd[0] 用于读取管道,fd[1] 用于写入管道。

2. 消息队列

消息队列是消息的链接表,包括 POSIX(可移植操作系统接口)消息队列和 systemV 消息队列。它克服了前两种通信方式中信息量有限的缺点,具有写权限的进程可以向消息队列中按照一定的规则添加新消息;对消息队列有读权限的进程则可以从消息队列中读取消息。

消息队列通过系统调用 msgget()、msgrcv()函数来实现,msgget()函数的功能如下。

原型:

```
int msgget(key_t key, int msgflg)
```

参数:

- key——消息队列关联的键。
- msgflg——消息队列的建立标志和存取权限。

返回值:成功执行时,返回消息队列标识值;失败返回-1。errno 被设为以下的某个值。

EACCES:指定的消息队列已存在,但调用进程没有权限访问它,而且不拥有 CAP_IPC_OWNER 权能。

EEXIST:key 指定的消息队列已存在,而 msgflg 中同时指定 IPC_CREAT 和 IPC_EXCL 标志。

ENOENT:key 指定的消息队列不存在,同时 msgflg 中不指定 IPC_CREAT 标志。

ENOMEM:需要建立消息队列,但内存不足。

ENOSPC:需要建立消息队列,但已达到系统的限制。

msgrcv()函数的功能如下。

原型：

```
ssize_t msgrcv(int msqid, void *msgp, size_t msgsz, long msgtyp, int msgflg);
```

参数：
- msqid——消息队列的识别码。
- msgp——指向消息缓冲区的指针,此位置用来暂时存储发送和接收的消息,是一个用户可定义的通用结构。
- msgsz——消息的大小。
- msgtyp——从消息队列内读取的消息形态。如果值为零,则表示消息队列中的所有消息都会被读取。
- msgflg——用来指明核心程序在队列没有数据的情况下所应采取的行动。如果 msgflg 和常数 IPC_NOWAIT 合用,则在消息队列呈空时,不等待,马上返回-1,并设定错误码为 ENOMSG。当 msgflg 为 0 时,msgrcv()函数在队列呈满或呈空的情形时,采取阻塞等待的处理模式。

返回值：当成功执行时,msgrcv()函数返回复制到 mtext 数组的实际字节数。失败返回-1,errno 被设为以下的某个值。
- E2BIG：消息文本长度大于 msgsz,并且 msgflg 中没有指定 MSG_NOERROR。
- EACCES：调用进程没有读权能,同时没有 CAP_IPC_OWNER 权能。
- EAGAIN：消息队列为空,并且 msgflg 中没有指定 IPC_NOWAIT。
- EFAULT：msgp 指向的空间不可访问。
- EIDRM：当进程睡眠等待接收消息时,消息已被删除。
- EINTR：当进程睡眠等待接收消息时,被信号中断。
- EINVAL：参数无效。
- ENOMSG：msgflg 中指定了 IPC_NOWAIT,同时所请求类型的消息不存在。

3. 共享内存

共享内存是操作系统常采用的进程间通信方式。它使得多个进程可以访问同一块内存空间,不同进程可以及时看到对方进程中对共享内存中数据的更新。这种通信方式需要依靠某种同步机制,如互斥锁和信号量等。

共享内存通过系统调用 shmget()、shmat()、shmdt()、shmctl()来实现,函数的功能如下。

1) shmget()函数

原型：

```
int  shmget(key_t key, int size, int shmflg)
```

参数：
- key——共享存储区的名字。
- size——共享存储区的大小(以字节计)。

- shmflg——用户设置的标志,如 IPC_CREAT。IPC_CREAT 表示若系统中尚无指名的共享存储区,则由核心建立一个共享存储区;如系统中已有共享存储区,则忽略 IPC_CREAT。

返回值:

如果成功则返回共享内存的标识符;不成功则返回 -1。errno 用于存储错误原因,被设定为以下的几个值。

- EINVAL:参数 size 小于 SHMMIN 或大于 SHMMAX。
- EXIST:欲建立 key 所致的共享内存,但已经存在。
- EIDRM:参数 key 所致的共享内存已经删除。
- ENOSPC:超过了系统允许建立的共享内存的最大值(SHMALL)。
- ENOENT:参数 key 所指的共享内存不存在,参数 shmflg 也未设 IPC_CREAT 位。
- EACCES:没有权限。
- ENOMEM:核心内存不足。

2) shmat()函数

原型:

```
void *  shmat(int shmid, const void * shmaddr, int shmflg);
```

参数:

- shmid——用于共享存储区的标识符。
- shmaddr——由用户给定的,用于将共享存储区附接到进程的虚拟地址空间。
- shmflg——用于规定共享存储区的读、写权限,以及确认系统是否应对用户规定的地址进行舍入操作。其值为 SHM_RDONLY 时,表示只能读;其值为 0 时,表示可读、可写;其值为 SHM_RND(取整)时,表示操作系统在必要时舍去这个地址。

返回值:该系统调用的返回值为共享存储区所附接到的进程虚地址。

3) shmdt()函数

原型:

```
int   shmdt(void * shmaddr)
```

参数:

- shmaddr——要断开连接的虚地址,亦即以前由连接的系统调用 shmat()所返回的虚地址。

返回值:调用成功时,返回 0 值;调用不成功时,返回 -1 值。

4) shmctl()函数

原型:

```
int   shmctl(int shmid, int cmd, struct shmid_ds * buf);
```

参数：
- shmid——由 shmget 所返回的标识符。
- cmd——操作命令，可以分为以下多种类型。
  ◆ 用于查询有关共享存储区的情况。如其长度、当前连接的进程数、共享区的创建者标识符。
  ◆ 用于设置或改变共享存储区的属性，如共享存储区的许可权、当前连接的进程计数等。
  ◆ 对共享存储区的加锁和解锁命令。
  ◆ 删除共享存储区标识符等。
- Buf——用户缓冲区地址。

返回值：调用成功则返回 0，调用失败则返回 -1。

11.4 程序示例

1. 使用管道来实现父子进程之间的进程通信

```
#include<unistd.h>
#include<signal.h>
#include<stdio.h>
int pid;                                    //定义进程变量
main()
{
    int fd[2];
    char OutPipe[300], InPipe[300];         //定义两个字符数组
    pipe(fd);                                //创建管道
    while ((pid = fork()) == -1);            //如果进程创建不成功,则空循环
    if (pid == 0)
    {                                        //如果子进程创建成功,pid 为进程号
        lockf(fd[1], 1, 0);                  //锁定管道
        sprintf(OutPipe, "Child's PID = %d\n%s",getpid(),"is sending a message to parent!\n");
                                             //给 Outpipe 赋值
        write(fd[1], OutPipe, 50);           //向管道写入数据
        sleep(5);                            //等待读进程读出数据
        lockf(fd[1], 0, 0);                  //解除管道的锁定
        exit(0);                             //结束进程
    }
    else
    {
        wait(0);                             //等待子进程结束
        read(fd[0], InPipe, 50);             //从管道中读出数据
        printf("%s\n", InPipe);              //显示读出的数据
        exit(0);                             //父进程结束
    }
}
```

2. 使其用消息缓冲队列来实现进程通信

```c
#include <sys/types.h>
#include <sys/msg.h>
#include <sys/ipc.h>
#define MSGKEY 75
struct msgform
{
    long mtype;
    char mtext[250];
}msg;
int msgqid,pid,*pint,i;
void client()
{
    msgqid = msgget(MSGKEY,0777);            //打开75#消息队列
    pid = getpid();
    pint = (int *)msg.mtext;
    *pint = pid;
    msg.mtype = 1;                            //消息类型为1
    msgsnd(msgqid,&msg,sizeof(int),0);
    msgrcv(msgqid,&msg,250,pid,0);            //接收消息
    printf("(client):receive reply from pid = %d\n",*pint); //显示server进程标识数
    exit(0);
}
void server()
{
    msgqid = msgget(MSGKEY,0777|IPC_CREAT);   //创建75#消息队列
    msgrcv(msgqid,&msg,250,1,0);              //接收消息
    pint = (int *)msg.mtext;                  //把正文的内容传给pint,并强制转换类型
    pid = *pint;                              //获得client进程标识数
    printf("(server):serving for client pid = %d\n",pid);
    msg.mtype = pid;                          //消息类型为client进程标识数
    *pint = getpid();                         //获取server进程标识数
    msgsnd(msgqid,&msg,sizeof(int),0);        //发送消息
    exit(0);
}
main()
{
    while((i=fork())==-1);                    //创建进程1
    if(!i)server();
    while((i=fork())==-1);                    //创建进程2
    if(!i) client();
    wait(0);
    wait(0);
}
```

3. 使用共享存储区实现进程通信

```c
#include <sys/types.h>
#include <sys/shm.h>
#include <sys/ipc.h>
#include <string.h>
#define SHMKEY 75
int shmid,i;   char *addr;
char *argv[] = {"I LOVE YOU FOREVER"};
void B()
{
    shmid = shmget(SHMKEY,512,0777);        //打开共享存储区
    addr = shmat(shmid,0,0);                //获得共享存储区的首地址
    memset(addr,'\0',512);                  //将 addr 的 512 字节设置成字符'\0'
    strncpy(addr,argv[0],512);              //将数组 argv 的前 512 字节存入共享区 addr
    exit(0);
}
void A()
{
    shmid = shmget(SHMKEY,512,0777|IPC_CREAT);  //创建共享存储区
    addr = shmat(shmid,0,0);                    //获取首地址
    printf("get %s",addr);
    exit(0);
}
main()
{
    while ((i = fork()) == -1);
    if (!i) A();
    while ((i = fork()) == -1);
    if (!i) B();
    wait(0);
    wait(0);
}
```

11.5 实验结果

1. 使用管道来实现父子进程之间的进程通信

运行结果如下：

```
[root@localhost ~]         # gcc -o a a.c
[root@localhost ~]         # ./a
Child's PID = 13807
is sending a message to parent!
```

2. 使其用消息缓冲队列来实现进程通信

运行结果：

```
[root@localhost ~]                    # gcc -o b b.c
[root@localhost ~]                    # ./b
(server):serving for client pid=26681
(client):receive reply from pid=26680
```

3. 使用共享存储区实现进程通信

进程 A 创建共享空间,并显示共享空间的数据;进程 B 打开共享空间,并向共享空间写入字符串 I LOVE YOU FOREVER。

运行结果:

```
[root@localhost ~]                    # gcc -o c c.c
[root@localhost ~]                    # ./c
get I LOVE YOU FOREVER
```

第 12 章　虚拟存储器管理

12.1　实　验　目　的

(1) 了解虚拟存储技术的特点。
(2) 掌握请求页式管理的页面置换算法。

12.2　实　验　内　容

1. 通过随机数产生一个指令序列,共 320 条指令
其地址按下述原则生成。
(1) 50%的指令是顺序执行的。
(2) 50%的指令是均匀分布在前地址部分的。
(3) 50%的指令是均匀分布在后地址部分的。
具体的实施步骤如下。
① 在[0,319]的指令地址之间随机选取一起点 M。
② 顺序执行一条指令,即执行地址为 M+1 的指令。
③ 在前地址[0,M+1]中随机选取一条指令并执行,该指令的地址为 M'。
④ 顺序执行一条指令,其地址为 M'+1。
⑤ 在后地址[M'+2,319]中随机选取一条指令并执行。
⑥ 重复步骤①~⑤,直到执行 320 次指令。

2. 指令序列变换成页地址流
设:① 页面大小为 1KB。
　　② 用户内存容量为 4~32 页。
　　③ 用户虚存容量为 32KB。
在用户虚存中,按每 K 存放 10 条指令排列虚存地址,即 320 条指令在虚存中的存放方式为:
第 0~9 条指令为第 0 页(对应虚存地址为[0,9])。
第 10~19 条指令为第 1 页(对应虚存地址为[10,19])。
……
第 310~319 条指令为第 31 页(对应虚存地址为[310,319])。
按以上方式,用户指令可组成 32 页。

3. 计算并输出下述各种算法在不同内存容量下的命中率
① FIFO(先进先出)页面置换算法。
② LRU(最近最久未使用)页面置换算法。
③ LFU(最少使用)页面置换算法。
④ OPT(最佳)页面置换算法。
⑤ NUR(最近未使用)页面置换算法。

12.3 实验准备

1. FIFO 页面置换算法

FIFO 页面置换算法总是淘汰最新进入内存的页面,即选择在内存中驻留时间最久的页面予以淘汰。该算法实现简单,只需把一个进程调入内存的页面,按先后次序链接成一个队列,并设置一个指针,称为替换指针,使它总是指向最老的页面。

2. LRU 页面置换算法

LRU 页面置换算法是根据页面调入内存后的使用情况进行决策的。由于无法预测各页面将来的使用情况,只能利用"最近的过去"作为"最近的将来"的近似,因此,LRU 页面置换算法是选择最近最久未使用的页面予以淘汰。该算法赋予每个页面一个访问字段,用来记录一个页面自上次被访问以来所经历的时间 t,当需淘汰一个页面时,选择现有页面中其 t 值最大的,即最近最久未使用的页面予以淘汰。

3. LFU 页面置换算法

在采用 LFU 页面置换算法时,应为在内存中的每个页面设置一个移位寄存器,用来记录页面被访问的频率。该置换算法选择在最近使其使用最少的页面作为淘汰页。

4. OPT 页面置换算法

OPT 页面置换算法选择的被淘汰页面是以后永远不使用的,或是在最长(未来)时间内不再被访问的页面。使用该算法通常可保证获得最低的缺页率。但由于人们目前还无法预知一个进程在内存的若干页面中,哪一个页面是未来最长时间内不再被访问的,因而该算法是无法实现的,但可以利用该算法去评价其他算法。

提示:命中率=1-页面失效次数/页地址流长度;本实验中,页地址流长度为 320,页面失效次数为每次访问相应指令时,该指令所对应的页不在内存的次数;关于随机数的产生方法,采用 VC 系统提供的 RAND() 函数和 RANDOMIZE() 函数来产生。

5. NUR 页面置换算法

每页设置一个访问位,再将内存中的所有页面都通过链接指针链接成一个循环队列;当某个页面被访问时,其访问位置 1。淘汰时,检查其访问位,如果是 0,就换出;若为 1,则重新将它置 0;再按 FIFO 算法检查下一个页面,到队列中的最后一个页面时,若其访问位仍为 1,则返回到队首再去检查第一个页面。NUR 页面置换算法又称为 Clock 页面置换算法。

12.4 程序示例

```c
#include <stdio.h>
#include <stdlib.h>
#include <unistd.h>
#define TRUE 1
#define FALSE 0
#define INVALID -1
#define NUL 0
#define total_instruction 320      //指令流长
#define total_vp 32                //虚页长
#define clear_period 50            //清零周期
typedef struct{                    //页面结构
    int pn,pfn,counter,time;
}pl_type;
pl_type pl[total_vp];              //页面结构数组
struct pfc_struct{                 //页面控制结构
    int pn,pfn;
    struct pfc_struct * next;
};
typedef struct pfc_struct pfc_type;
pfc_type pfc[total_vp], * freepf_head, * busypf_head, * busypf_tail;
int diseffect,a[total_instruction];
int page[total_instruction],  offset[total_instruction];
void initialize();
void FIFO();
void LRU();
void OPT();
void LFU();
void NUR();
int main()
{
    int S,i;
    srand((int)getpid());

    S = (int)rand() % 390;

    for(i = 0;i < total_instruction;i += 1)    //产生指令队列
    {
        a[i] = S;                              //任选一指令访问点
        a[i + 1] = a[i] + 1;                   //顺序执行一条指令
        a[i + 2] = (int)rand() % 390;          //执行前地址指令 m'
        a[i + 3] = a[i + 2] + 1;               //执行后地址指令
        S = (int)rand() % 390;
    }
    for(i = 0;i < total_instruction;i++)       //将指令序列变换成页地址流
```

```c
        {
            page[i] = a[i]/10;
            offset[i] = a[i] % 10;
        }
        for(i = 4; i <= 32; i++)                //用户内存工作区从 4 个页面到 32 个页面
        {
            printf(" % 2d page frames",i);
            FIFO(i);
            LRU(i);
            OPT(i);
            LFU(i);
            NUR(i);
            printf("\n");
        }
        return 0;
}
void FIFO(total_pf)                             /* FIFO 页面置换算法 */
int total_pf;                                   //用户进程的内存页面数
{
    int i;
    pfc_type *p, *t;
    initialize(total_pf);                       //初始化
    busypf_head = busypf_tail = NUL;            //将忙页面队头和队尾指针赋值为空
    for(i = 0; i < total_instruction; i++)
    {
        if(pl[page[i]].pfn == INVALID)          //页面失效
        {
            diseffect += 1;                     //失效次数
            if(freepf_head == NUL)              //无空闲页面
            {
                p = busypf_head -> next;
                /* 释放忙页面队列中的第一个页面 */
                pl[busypf_head -> pn].pfn = INVALID;
                freepf_head = busypf_head;
                freepf_head -> next = NUL;
                busypf_head = p;
            }
            p = freepf_head -> next;            /* 按先进先出算法将新页面调入内存 */
            freepf_head -> next = NUL;
            freepf_head -> pn = page[i];
            pl[page[i]].pfn = freepf_head -> pfn;
            if(busypf_tail == NUL)
                busypf_head = busypf_tail = freepf_head;
            else
            {
                busypf_tail -> next = freepf_head;
                busypf_tail = freepf_head;
```

```c
            }
            freepf_head = p;
        }
    }
    printf("FIFO:%6.4F",1-(float)diseffect/320);
}

void LRU(total_pf)                      /* LRU 页面置换算法 */
    int total_pf;
    {
        int min,minj,i,j,present_time;
        initialize(total_pf);present_time = 0;
        for(i = 0;i < total_instruction;i++)
        {
            if(pl[page[i]].pfn == INVALID)    //页面失效
            {
                diseffect++;
                if(freepf_head == NUL)        //无空闲页面
                {
                    min = 32767;
                    for(j = 0;j < total_vp;j++)
                        if(min > pl[j].time&&pl[j].pfn!= INVALID)
                        {
                            min = pl[j].time;
                            minj = j;
                        }
                        freepf_head = &pfc[pl[minj].pfn];
                        pl[minj].pfn = INVALID;
                        pl[minj].time = -1;
                        freepf_head -> next = NUL;
                }
                pl[page[i]].pfn = freepf_head -> pfn;
                pl[page[i]].time = present_time;
                freepf_head = freepf_head -> next;
            }
            else
                pl[page[i]].time = present_time;
            present_time++;
        }
        printf("LRU:%6.4f",1-(float)diseffect/320);
    }

void NUR(total_pf)                      /* NUR 页面置换算法 */
    int total_pf;
    {
        int i,j,dp,cont_flag,old_dp;
        pfc_type *t;
```

```
            initialize(total_pf);
            dp = 0;
            for(i = 0;i < total_instruction;i++)
            {
                if(pl[page[i]].pfn == INVALID)     //页面失效
                {
                    diseffect++;
                    if(freepf_head == NUL)         //无空闲页面
                    {
                        cont_flag = TRUE;old_dp = dp;
                        while(cont_flag)
                        if(pl[dp].counter == 0&&pl[dp].pfn!= INVALID)
                            cont_flag = FALSE;
                    else
                        {
                        dp++;
                        if(dp == total_vp)
                            dp = 0;
                        if(dp == old_dp)
                            for(j = 0;j < total_vp;j++)
                                pl[j].counter = 0;
                        }
                        freepf_head = &pfc[pl[dp].pfn];
                        pl[dp].pfn = INVALID;
                        freepf_head -> next = NUL;
                    }
                    pl[page[i]].pfn = freepf_head -> pfn;
                    freepf_head = freepf_head -> next;
                }
                else
                    pl[page[i]].counter = 1;
                if(i % clear_period == 0)
                    for(j = 0;j < total_vp;j++)
                        pl[j].counter = 0;
            }
            printf("NUR: % 6.4f",1 - (float)diseffect/320);
    }

void OPT(total_pf)                              /* OPT 页面置换算法 */
    int total_pf;
    {
        int i,j,max,maxpage,d,dist[total_vp];
        pfc_type * t;
        initialize(total_pf);
        for(i = 0;i < total_instruction;i++)
        {
            if(pl[page[i]].pfn == INVALID)
```

```c
            {
                            diseffect++;
                if(freepf_head == NUL)
                {
                    for(j = 0;j < total_vp;j++)
                        if(pl[j].pfn!= INVALID)
                            dist[j] = 32767;
                        else
                            dist[j] = 0;
                    d = 1;

                    for(j = i + 1;j < total_instruction;j++)
                    {
                        if(pl[page[j]].pfn!= INVALID)
                            dist[page[j]] = d;
                        d++;
                    }
                    max = - 1;

                    for(j = 0;j < total_vp;j++)
                        if(max < dist[j])
                        {
                            max = dist[j];maxpage = j; }
                            freepf_head = &pfc[pl[maxpage].pfn];
                            freepf_head -> next = NUL;
                            pl[maxpage].pfn = INVALID;
                        }
                        pl[page[i]].pfn = freepf_head -> pfn;
                        freepf_head = freepf_head -> next;
                }
            }
            printf("OPT: % 6.4f",1 - (float)diseffect/320);
        }

void LFU(total_pf)                      /* LFU 页面置换算法 */
    int total_pf;
    {
        int i,j,min,minpage;
        pfc_type * t;
        initialize(total_pf);
        for(i = 0;i < total_instruction;i++)
        {
            if (pl[page[i]].pfn == INVALID)
            {
                diseffect++;
                if(freepf_head == NUL)
                {
                    min = 32767;
```

```c
                    for(j = 0;j < total_vp;j++)
                    {
                        if(min > pl[j].counter&&pl[j].pfn!= INVALID)
                        {
                            min = pl[j].counter; minpage = j;
                        }
                            pl[j].counter = 0;
                    }
                        freepf_head = &pfc[pl[minpage].pfn];
                        pl[minpage].pfn = INVALID;
                        freepf_head -> next = NUL;
                }
                    pl[page[i]].pfn = freepf_head -> pfn;
                    freepf_head = freepf_head -> next;
            }
                else
                    pl[page[i]].counter++;
        }
        printf("LFU: %6.4f",1 - (float)diseffect/320);
    }
void  initialize(total_pf)                    //初始化相关数据结构
    int total_pf;                             //用户进程的内存页面数
    {
        int i;
        diseffect = 0;
        for(i = 0;i < total_vp;i++)
        {
            pl[i].pn = i;pl[i].pfn = INVALID;      //置页面控制结构中的页号、页面为空
            pl[i].counter = 0;pl[i].time = -1;     //页面控制结构中的访问次数为0,时间为-1
        }
        for(i = 1;i < total_pf;i++)
        {
            pfc[i-1].next = &pfc[i];pfc[i-1].pfn = i-1;   //建立pfc[i-1]和pfc[i]之间的
                                                          //连接
        }
        pfc[total_pf-1].next = NUL;pfc[total_pf-1].pfn = total_pf-1;
        freepf_head = &pfc[0];                    //页面队列的头指针为pfc[0]
    }
```

12.5 实验结果

实验结果如图 12-1 所示(输出包括了用户内存从 3K 到 32K 的各种不同情况)。

从图 12-1 中的实验数据来看,OPT 页面置换算法是最好的一种算法。

从上述结果可知,在内存页面数较少(4～5 页)时,5 种算法的命中率差别不大,都是 30% 左右。在内存页面为 7～18 个页面时,5 种算法的访内命中率为 35%～60% 变化。但是,FIFO 页面置换算法与 OPT 页面置换算法之间的差别一般为 6～10 个百分点。在

```
4  page framesFIFO:0.2969LRU:0.2938OPT:0.2938LFU:0.3156NUR:0.2906
5  page framesFIFO:0.3344LRU:0.3281OPT:0.3187LFU:0.3250NUR:0.3125
6  page framesFIFO:0.3531LRU:0.3531OPT:0.3656LFU:0.3500NUR:0.3312
7  page framesFIFO:0.3875LRU:0.3688OPT:0.4031LFU:0.3750NUR:0.3719
8  page framesFIFO:0.4031LRU:0.3906OPT:0.4156LFU:0.3969NUR:0.4219
9  page framesFIFO:0.4281LRU:0.4344OPT:0.4313LFU:0.4188NUR:0.4375
10 page framesFIFO:0.4688LRU:0.4469OPT:0.4500LFU:0.4531NUR:0.4500
11 page framesFIFO:0.4750LRU:0.4906OPT:0.4688LFU:0.4906NUR:0.4813
12 page framesFIFO:0.4906LRU:0.5031OPT:0.4906LFU:0.5188NUR:0.4969
13 page framesFIFO:0.5094LRU:0.5188OPT:0.5250LFU:0.5219NUR:0.5281
14 page framesFIFO:0.5375LRU:0.5563OPT:0.5594LFU:0.5437NUR:0.5813
15 page framesFIFO:0.5531LRU:0.5813OPT:0.5719LFU:0.5687NUR:0.6250
16 page framesFIFO:0.5813LRU:0.6062OPT:0.6000LFU:0.5938NUR:0.6188
17 page framesFIFO:0.6094LRU:0.6281OPT:0.6375LFU:0.6219NUR:0.6156
18 page framesFIFO:0.6375LRU:0.6594OPT:0.6687LFU:0.6344NUR:0.6594
19 page framesFIFO:0.6781LRU:0.6781OPT:0.6844LFU:0.6625NUR:0.6813
20 page framesFIFO:0.7125LRU:0.6969OPT:0.7156LFU:0.6875NUR:0.6937
21 page framesFIFO:0.7219LRU:0.7094OPT:0.7375LFU:0.7281NUR:0.7219
22 page framesFIFO:0.7469LRU:0.7375OPT:0.7531LFU:0.7406NUR:0.7406
23 page framesFIFO:0.7688LRU:0.7688OPT:0.7688LFU:0.7562NUR:0.7781
24 page framesFIFO:0.7781LRU:0.7906OPT:0.7969LFU:0.7781NUR:0.7875
25 page framesFIFO:0.7906LRU:0.7969OPT:0.8125LFU:0.8031NUR:0.7969
26 page framesFIFO:0.8250LRU:0.8219OPT:0.8250LFU:0.8187NUR:0.8219
27 page framesFIFO:0.8281LRU:0.8406OPT:0.8406LFU:0.8281NUR:0.8156
28 page framesFIFO:0.8438LRU:0.8594OPT:0.8531LFU:0.8344NUR:0.8594
29 page framesFIFO:0.8656LRU:0.8688OPT:0.8781LFU:0.8500NUR:0.8781
30 page framesFIFO:0.8688LRU:0.8875OPT:0.8906LFU:0.8969NUR:0.8781
31 page framesFIFO:0.8875LRU:0.8969OPT:0.8969LFU:0.8969NUR:0.9000
32 page framesFIFO:0.9000LRU:0.9000OPT:0.9000LFU:0.9000NUR:0.9000
```

图 12-1 实 验 结 果

内存页面为 25~32 个时,由于用户进程的所有指令基本上都已装入内存,使命中率增加,从而算法之间的差别不大。

比较上述 5 种算法,OPT 页面置换算法的命中率最高,NUR 页面置换算法次之,再就是 LFU 页面置换算法和 LRU 页面置换算法,其次是 FIFO 页面置换算法。就本实验,在 15 页之前,FIFO 页面置换算法的命中率比 LRU 页面置换算法的高。

第 13 章　字符型设备驱动程序

13.1　实验目的

(1) 掌握设备驱动程序的基本结构和基本操作。
(2) 掌握 Linux 中设备驱动程序的编写。

13.2　实验内容

设计一个简单的字符型设备驱动程序,实现字符型设备的打开、读、写、关闭等操作。将设备驱动程序作为可加载的模块,由系统管理员动态地加载它,使之成为核心的一部分。也可以由系统管理员把已加载的模块动态地卸载下来,然后编写测试程序对字符设备进行读写测试。

13.3　实验准备

一个驱动程序就是一个函数和数据结构的集合,它的目的是实现一个简单的管理设备的接口。内核用这个接口请求驱动程序控制设备的 I/O 操作。当然,也可以把设备驱动程序看成一个抽象的数据类型,它创建了一个可用于计算机上所有硬件设备的通用函数接口。

Linux 下的设备驱动程序用来驱动外部设备的内核级程序。在 Linux 系统里,对用户程序而言,设备驱动程序隐藏了设备的具体细节,对各种不同设备提供了一致的接口,一般来说是把设备映像为一个特殊的设备文件,用户程序可以像操作其他文件一样对此设备文件进行操作。根据设备读写方式的不同,Linux 下的设备驱动程序分为字符设备驱动程序、块设备驱动程序和网络设备驱动程序。其中字符设备以字节为单位进行数据处理,字符设备接口支持面向字符的 I/O 操作,它不经过系统的快速缓存,而是管理自己的缓冲区结构。字符设备接口只支持顺序存取的功能,如键盘、鼠标等。块设备将数据按可寻址的块为单位进行处理,大多数的块设备允许随机访问,而且常常采用缓冲技术。

Linux 系统设备有一个主设备号和一个次设备号标识。主设备号唯一标识了设备类型,即设备驱动程序类型。次设备号仅有设备驱动程序解释,一般用于识别在若干可能的硬设备中 I/O 请求所涉及的那个设备。每个设备驱动程序可以采用轮询或中断的策略实现内核与设备之间的数据传输。

采用轮询的驱动程序在启动设备后就连续地读取设备的状态直到该设备完成操作。然后处于用户空间的进程进入内核开始执行设备驱动程序。当设备执行 I/O 操作时,与其相应的任务周期性地轮询设备状态寄存器以决定操作何时完成。

采用中断的驱动程序在启动设备后就挂起自己,直到设备完成操作并发出一个中断请求。当中断请求产生时,中断处理程序运行,它的一些代码可能会放到底半部(bottom half)中或者放到任务队列中。在这种情况下,用户进程使用驱动程序代码初始化 I/O 操作,然后阻塞自己直到设备完成操作。在受到中断请求后,运行与设备对应的中断处理程序,它会唤醒沉睡的进程,然后重新执行用户空间进程。

设备驱动程序的主要工作是对设备进行一系列的操作,包括打开、关闭、读、写等。在操作系统内部,I/O 设备的存取通过一组固定的入口点来进行,这组入口点是由每个设备的设备驱动程序提供的。Linux 的设备驱动程序与外界的接口可以分为以下三部分。

① 驱动程序与操作系统内核的接口。这是通过 file_operations() 数据结构来完成的。

② 驱动程序与系统引导的接口。这部分利用驱动程序对设备进行初始化。

③ 驱动程序与设备的接口。这部分描述了驱动程序如何与设备进行交互,这与具体设备密切相关。

根据功能划分,设备驱动程序的代码有以下几部分。

① 驱动程序的注册和注销。

② 设备的打开和释放。

③ 设备的读写操作。

④ 设备的控制操作。

⑤ 设备的中断和轮询处理。

一般来说,字符型设备驱动程序能够提供如下几个主要入口点。

open:打开设备准备 I/O 操作。一般完成增加设备的使用计数,检查设备相关错误,识别次设备号,初始化设备等工作。对字符设备文件进行打开操作,都会调用设备的 open 入口点。open 子程序必须为将要进行的 I/O 操作做必要的准备工作,如清除缓冲区等。如果是独占设备,即同一时刻只能有一个程序访问此设备,则 open 子程序必须设置一些标识以表示设备处于忙状态。

release:关闭一个设备,递减设备的使用次数。当最后一次设备使用结束时,调用 release 子程序。独占设备必须被标记为空闲,可以被再度使用。

read:从设备上读数据。对于有缓冲区的 I/O 操作,一般是从缓冲区中读数据。对字符设备文件进行读操作将调用 read 子程序。

write:往设备上写数据。对于有缓冲区的 I/O 操作,一般是把数据写入缓冲区中。对字符设备文件进行写操作将调用 write 子程序。

ioctl:执行读、写之外的操作,如设备参数设定、调试等。ioctl() 的用法与具体设备密切相关。

13.4 程序示例

```c
#define _NO_VERSION_
#include <linux/module.h>
#include <linux/version.h>

char kernel_version[] = UTS_RELEASE;
#ifndef _KERNEL_                        //宏定义用来标识该程序为内核程序
#define _KERNEL_
#endif

#include <linux/kernel.h>
#include <linux/fs.h>
#include <linux/errno.h>
#include <linux/types.h>
#include <asm-i386/uaccess.h>

/* CHARDEV_MAJOR 代表默认的主设备号,主设备号要作为参数传给 register_chrdev,
我们把它定义为 0,表示默认情况下由设备分配主设备号,用户并不指定 */
#define CHARDEV_MAJOR 0
int chardev_major = CHARDEV_MAJOR;

static int chardev_open(struct inode* inode, struct file* filp)
{
    MOD_INC_USE_COUNT;                  //模块的适用计数加 1
    return 0;
}
static int chardev_release(struct inode* inode, struct file* filp)
{
    MOD_DEC_USE_COUNT;                  //模块的适用计数减 1
    return 0;
}
static ssize_t chardev_read(struct file* filp, char** buf, size_t count, loff_t* fpos)
{
    int i;
    if(verify_area(VERIFY_WRITE, buf, count) == -EFAULT)    //验证用户内存的空间地址是
                                                            //否合法
        return -EFAULT;
    for (i = count; i > 0; i--)
    {
        __put_user(1, buf);             //从内核空间向用户空间分配 ASCII 码值为 1 的字符
        buf++;
    }
    return count;                       //返回读到的字符个数
```

```c
}
static ssize_t chardev_write(struct file * filp,const char * buf,size_t count,loff_t * fpos)
{
    return count;
}
struct file_operations chardev_fops = {
    open : chardev_open,
    release: chardev_release,
    read:   chardev_read,
    write : chardev_write,
};
/* chardev_fops 是 file_operations 结构,其中的成员都是函数指针,指向我们实现的对设备进
行打开、关闭、读、写的函数,该结构作为参数传给 register_chardev,当要对设备进行读写操作时,
内核就会通过该结构中的函数指针调用相应的函数去进行处理 */
#ifdef MODULE

int chardev_init_module(void)
{
    MODULE_LICENSE("GPL");              //版本许可声明
    int result = register_chrdev(chardev_major,"chardev",&chardev_fops);
    if(result < 0)
    {
        printk(KERN_WARNING"chardev driver:can't get major %d\n",chardev_major);
        return result;                  //申请失败,直接返回错误编号
    }
    if(chardev_major == 0)              //当 chardev_major 为 0 时,动态分配主设备号
        chardev_major = result;
}
void chardev_cleanup_module(void)
{
    unregister_chrdev(chardev_major,"chardev");      //注销设备
}
#endif
module_init(chardev_init_module);
/* 把 chardev_init_module 函数指针传给宏 module_init,该宏告诉内核在初始化内核模块时调
用 chardev_init_module 完成这些工作 */
module_exit(chardev_cleanup_module);
/* 把 chardev_cleanup_module 函数指针传给宏 module_exit,该宏告诉内核在卸载内核模块时调
用 chardev_cleanup_module 完成注销工作 */
```

13.5 实 验 结 果

1. 编译设备驱动模块

```
gcc -O2 -D__KERNEL__ -DMODULE -I/usr/src/linux-2.4/include -c chardev.c
```

其中：
  -O2 指明对模块程序进行优化编译、连接。
  -D__KERNEL__ 通知编译程序把该文件作为内核代码而不是普通的用户代码来编译。
  -DMODULE 通知编译程序把该文件作为模块而不是普通文件来编译。
  执行后会生成 chardev.o 文件，该文件就是可装载的目标代码文件。

2. 设备驱动模块的装载

执行 insmod 命令，装载设备驱动模块，可以在 /proc/modules 文件中查看到刚装载的模块。可以用 lsmod 命令查看。

```
# insmod chardev.o
```

3. 创建字符设备文件

字符设备驱动程序编译加载后，可以在 /dev 目录下创建字符设备文件 chardev，创建字符设备的命令如下：

```
mknod /dev/chardev c major minor
```

其中，c 表示 chardev 是字符设备；major 是 chardev 的主设备号；minor 是 chardev 的从设备号。当该字符设备驱动程序编译加载后，可在 /proc/devices 文件中获得主设备号。或者使用如下命令，获得主设备号。

```
# cat /proc/devices | awk"\\ $ 2 == \" "chardev\""{print\\ $ 1}"
```

4. 编写测试程序 test.c

```c
# include < stdio.h >
# include < sys/types.h >
# include < sys/stat.h >
# include < fcntl.h >

int main()
{
    int fd;
    int i;
    char buf[10];

    fd = open("/dev/chardev",O_RDWR);
    if(fd == -1)
    {
        printf("can't open file\n");
        exit(0);
    }
```

```
    read(fd,buf,10);
    for(i = 0;i < 10;i++)
        printf(" % d",buf[i]);
    printf("\n");
    close(fd);
}
```

使用如下命令生成测试程序：

```
# gcc - o test test.c
# ./test
```

5. 卸载驱动模块并删除字符设备文件

执行 rmmod 命令，卸载设备驱动模块，卸载后通过 lsmod 命令查看是否还在。

```
# rmmod chardev
```

执行 rm 命令，删除字符设备文件。

```
# rm /dev/chardev
```

第 14 章　Linux 文件系统调用

14.1　实验目的

(1) 掌握 Linux 提供的文件系统调用的使用方法。
(2) 熟悉文件系统的系统调用用户接口。
(3) 了解操作系统中文件系统的工作原理和工作方式。

14.2　实验内容

编写一个文件工具 filetools，使其具有以下功能：

```
0. 退出
1. 创建新文件
2. 写文件
3. 读文件
4. 修改文件权限
5. 查看当前文件权限并退出
```

提示用户输入功能号，并根据用户输入的功能号选择相应的功能。

14.3　实验准备

用户在针对文件进行操作之前一定要先打开它，这是由于系统需要根据用户提供的参数来查找文件的目录项，并由目录项找到文件的磁盘 i 结点，再将它调到内存 i 结点，才能建立用户进程与该文件之间的联系。

同样，在文件操作完毕后要关闭文件，以切断用户进程与文件的联系，释放相关资源。

1. open 系统调用

open() 函数的定义如下：

```
int open(const char * path, int flags);
int open(const char * path, int flags, mode_t mode);
```

一般情况下使用两个参数的格式，只有当打开的文件不存在时才使用 3 个参数的格式。

参数的含义如下：
- path 指向所要打开的文件的路径名指针。
- flags 为标志参数，用来规定打开方式，必须包含以下 3 个之一。
    - O_RDONLY：只读方式。
    - O_WRONLY：只写方式。
    - O_RDWR：读写方式。

利用按位逻辑或"|"对下列标志进行任意组合：
- O_CREAT 如果文件不存在则创建该文件，若存在则忽略。
- O_TRUNC 如果文件存在则将文件长度截为 0，属性和所有者不变。
- C_EXECL 如果文件存在且 O_CREAT 被设置则强制 open 调用失败。
- O_APPEND 每次写入时都从文件尾部开始。
- Mode 是文件的访问权限，分为文件所有者、文件用户组和其他用户。

2. close 系统调用

对于一个进程来说可以同时打开的文件是有限的，为了使文件标识符能够及时释放，系统必须提供关闭文件操作。

```
int close( int fd)
```

参数的含义如下：
- fd 为打开文件时系统返回的文件标识符。

头文件：

```
#include <unistd.h>
```

系统执行该系统调用时，根据 fd 值在该进程的进程打开文件表中找到 fd 标识，根据指针找到系统打开文件表，再找到内存 i 结点表中相应的 i 结点，对其 i_count 进行减 1 操作，然后释放系统打开文件表中的表项和进程打开文件表的表项。

返回结果：调用成功则返回 0。

14.4 程序示例

```
#include <stdio.h>
#include <sys/types.h>
#include <unistd.h>
#include <fcntl.h>
#include <sys/stat.h>
#include <syslog.h>
#include <string.h>
#include <stdlib.h>
```

```c
#define MAX 128
int chmd();
int chmd()
{
    int c;
    mode_t mode = S_IWUSR;
    printf(" 0. 0700\n 1. 0400\n 2. 0200 \n 3. 0100\n ");        //还可以增加其他权限
    printf("Please input your choice(0 - 3):");
    scanf("%d",&c);
    switch(c)
    {
        case 0: chmod("file1",S_IRWXU);break;
        case 1: chmod("file1",S_IRUSR);break;
        case 2: chmod("file1",S_IWUSR);break;
        case 3: chmod("file1",S_IXUSR);break;
        default:printf("You have a wrong choice!\n");
    }
    return(0);
}

main()
{
    int fd;
    int num;
    int choice;
    char buffer[MAX];
    struct stat buf;
    char * path = "/bin/ls";
    char * argv[4] = {"ls"," - l","file1",NULL};
    while(1)
    {
        printf(" ******************************* \n");
        printf("0. 退出\n");
        printf("1. 创建新文件\n");
        printf("2. 写文件\n");
        printf("3. 读文件\n");
        printf("4. 修改文件权限\n");
        printf("5. 查看当前文件的权限并退出\n");
        printf(" ******************************* \n");

        printf("Please input your choice(0 - 6):");
        scanf("%d",&choice);

            switch(choice)
            {
                case 0:close(fd);                                //关闭 file1 文件
                    exit(0);
                case 1:
                        fd = open("file1",O_RDWR|O_TRUNC|O_CREAT,0750);   //创建 file1
                        if(fd == -1)
```

```
                printf("File Create Failed!\n");
            else
                printf("fd = %d\n",fd);        //显示 fileID
            break;
        case 2:
            num = read(0,buffer,MAX);          //从键盘读取最多 128 个字符
            write(fd,buffer,num);              //把读入的信息送到 file1 中
            break;
        case 3:
            /* 把 file1 文件的内容在屏幕上输出 */
            read(fd,buffer,MAX);
            write(1,buffer,num);
            break;
        case 4:
            chmd ();
            printf("Change mode success!\n");
            break;
        case 5:
            execv(path,argv);                  //执行 ls - l file1
            break;
        default:
            printf("You have a wrong choice!\n");
        }
    }
}
```

14.5 实验结果

在终端输入如下命令,编译 filetools 源程序。

```
gcc - o filetools filetools.c
```

然后输入如下命令,程序运行的界面如图 14-1 所示。

```
./filetools
```

图 14-1 程序运行界面

Linux 文件系统调用

输入 1,显示文件的 ID 号,如图 14-2 所示。

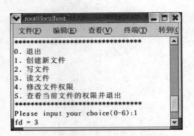

图 14-2　输入 1：创建新文件

输入 2,向文件中写入"I am a student",运行结果如图 14-3 所示。

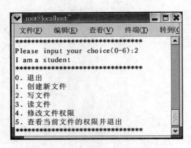

图 14-3　输入 2：写文件

输入 3,将刚才写入文件中的内容读取出来,如图 14-4 所示。

图 14-4　输入 3：读文件

输入 4,修改当前文件的权限为 0700,如图 14-5 所示。

图 14-5　输入 4：修改文件权限

输入5,查看当前文件的权限,显示文件的权限,然后退出当前程序,如图14-6所示。

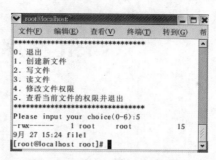

图14-6　输入5：查看当前文件的权限并退出

第 15 章　shell 程序

15.1　实验目的

(1) 了解常用 shell 的编程特点。
(2) 掌握 shell 程序设计的基础知识,包括对 shell 程序的流程控制、shell 程序的运行方式、bash 程序的调试方法及 bash 的常用内部命令。

15.2　实验内容

在 Linux 环境下,编写一段 B-shell 程序,实现文件目录的备份和恢复。

15.3　实验准备

1. 什么是 shell

shell 是用户和 Linux 内核之间的接口程序,如果把 Linux 内核想象成一个球体的中心,shell 就是围绕内核的外层。当从 shell 或其他程序向 Linux 传递命令时,内核会做出相应的反应。

shell 本身是用 C 语言编写的程序,它为用户使用 Linux 系统提供了便利。shell 既是一种命令语言,又是一种程序设计语言。它虽然不是 Linux 系统核心的一部分,但它调用了系统核心的大部分功能来执行程序、建立文件且以并行的方式来协调各个程序。因此,对于 Linux 系统的使用者来说,shell 是最重要的实用程序。

2. shell 程序的执行和调试

Linux 系统中有多种不同的 shell,但通常使用 bash(bourne again shell)进行 shell 编程。因为 bash 是免费的并且很容易使用,所以在本实验中都使用 bash 进行 shell 编程。和其他程序设计语言一样,可使用任意一种文字编辑器来编写 shell 程序,如 nedit、kedit、Emacs、vi 等。

在 bash 的 shell 程序设计中,程序必须以下面的行开始:

```
#!/bin/sh
```

这里的 #! 用来告诉系统,后面给出的参数是用来执行该文件的程序。在系统中规定,执行 bash 程序的程序就是/bin/sh。当编辑完一个 shell 脚本后,要使该脚本能够执行,还必须使该脚本文件具有可执行权。由前面所学可知,要使脚本可执行,需要执行以下命令:

```
chmod + x filename
```

这里的 filename 是所设计的 shell 程序文件名。

在 shell 程序中,以"#"开头到一个行结束的句子表示注释信息。建议读者在编写 shell 程序时养成添加注释的习惯,因为注释不仅能给其他需要阅读程序的人以帮助,也能对脚本编写者给出设计原理的提示。

3. 环境变量与 shell 变量

为使 shell 编程更加有效,系统提供了一些 shell 变量。Shell 变量可以保存诸如路径名、文件名或者一个数字这样的变量名。从这点上可以得出一个结论:在 shell 编程中,变量至关重要。

1) 显示变量

使用 echo 命令可以显示单个变量取值,并在变量名前加 $,例如:

```
echo $ LOGNAME
$ dave
```

可以结合使用变量,下面将错误信息和环境变量 LOGNAME 设置到变量 error-msg。

```
$ ERROR_MSG = "sorry, there is not $ LOGNAME"
$ echo " $ ERROR_MSG"
$ sorry, there is not dave
```

上面例子中,shell 首先显示文本,然后查找变量 $LOGNAME,最后扩展变量以显示整个变量值。

2) 清除变量

使用 unset 命令清除变量。

```
$ TMP_VAR = foo
$ echo $ { TMP_VAR }
foo
$ unset TMP_VAR
$ echo $ { TMP_VAR }
```

3) 显示所有本地的 shell 变量

使用 set 命令显示所有本地定义的 shell 变量。

set 输出可能很长。查看输出时可以看出 shell 已经设置了一些用户变量以使工作环境更加容易使用。

4) 结合变量值

将变量结合在一起。

```
echo ${variable-name1} ${variable-name2}
$ TMP_VAR1 = 'Hello,'
$ TMP_VAR2 = 'World'
$ echo ${TMP_VAR1} ${TMP_VAR2}
Hello,World
```

5) 测试变量是否已经设置

有时要测试是否已设置或初始化变量。如果未设置或初始化,就可以使用另一个值。此命令格式为:

```
${variable:-value}
```

如果设置了变量值,则使用它;如果未设置,则取新值。例如:

```
$ color = blue
$ echo "The sky is ${color:-grey} today"
The sky is blue today
```

变量 color 的取值为 blue,在 echo 打印变量 color 时,首先查看其是否已赋值,如果查到,则使用该值。现在清除该值,再来看看结果。

```
$ color = blue
$ unset color
$ echo "The sky is ${color:-grey} today"
The sky is grey today
```

上面的例子并没有将实际值传给变量,需使用下述命令完成此功能:

```
${variable:=value}
```

6) 使用变量来保存系统命令参数

可以用变量保存系统命令参数的替换信息。下面的例子使用变量保存文件复制的文件名信息。变量 source 保存 passwd 文件的路径。

```
$ source = "/etc/passwd"
$ cd $ source
```

7) 设置只读变量

如果设置变量时不想再改变其值,可以将其设置为只读方式。如果有人,包括用户本人想要改变它,则返回错误信息。格式如下:

```
variable-name = value
readonly variable-name
```

设为只读后,任何改变其值的操作将返回错误信息。要查看所有只读变量,使用命令 readonly 即可。

8) 设置环境变量

```
VARIABLE - NAME = value; export VARIABLE - NAME
```

在两个命令之间是一个分号,也可以这样写:

```
VARIABLE - NAME = value
export VARIABLE - NAME
```

9) 显示环境变量

显示环境变量与显示本地变量一样,使用 echo 命令即可。使用 env 命令可以查看所有的环境变量。

10) 清除环境变量

使用 unset 命令清除环境变量。

```
unset VARIABLE - NAME
```

11) set 命令

在 $HOME.profile 文件中设置环境变量时,还有另一种方法可以导出这些变量。使用 set 命令 -a 选项,即 set -a 指明所有变量直接被导出。不要在 /etc/profile 中使用这种方法,最好只在自己的 $HOME/.profile 文件中使用。

12) 将变量导出到子进程

shell 新用户碰到的问题之一是定义的变量如何导出到子进程。前面已经讨论过环境变量的工作方式,现在用脚本实现它,并在脚本中调用另一个脚本(这实际上创建了一个子进程)。以下是两个脚本列表 father 和 child。father 脚本设置变量 film,取值为 A Few Good Men,并将变量信息返回屏幕,然后调用脚本 child,这段脚本显示第一个脚本里的变量 film,然后改变其值为 Die Hard,再将其显示在屏幕上,最后控制返回 father 脚本,再次显示这个变量。

```
$ more father
#!/bin/sh
# father script
echo "this is the father"
FILM = "A Few Good Men"
echo "I like the film : $ FILM"
# call the child script
./child
echo "back to father"
echo "and the film is : $ FILM"
$ more child
```

```
#!/bin/sh
# child script
echo "called from father..i am the child"
echo "film is : $FILM"
FILM = "Die Hard"
echo "changing film to : $FILM"
```

如下为脚本的显示结果：

```
this is the father
I like the film :A Few Good Men
./child: line 1: child: command not found
called from father..i am the child
film is :
changing film to :Die Hard
back to father
and the film is :A Few Good Men
```

因为在father中并未导出变量film，因此child脚本不能将film变量返回。如果在father脚本中加入export命令，以便child脚本知道film变量的取值，这样child脚本就能正常运行。

```
$ more father2
#!/bin/sh
# father2 script
echo "this is the father"
FILM = "A Few Good Men"
echo "I like the film : $FILM"
# call the child script
# but export varible first
export FILM
./child
echo "back to father"
echo "and the film is : $FILM"
$ ./father2
this is the father
I like the film :A Few Good Men
called from father..i am the child
film is :A Few Good Men
changing film to :Die Hard
back to father
and the film is :A Few Good Men
```

因为在脚本中加入了export命令，因此可以在任意多的脚本中使用变量film，它们均继承了film的所有权。

13) 向系统命令传递参数

可以在脚本中向系统命令传递参数。下面的例子中,在 find 命令里,使用 $1 参数指定查找文件名。

```
$ more findfile
#!/bin/sh
# findfile
find / -name $1 -print
```

下面的例子中,以 $1 向 grep 传递一个用户 ID 号,grep 使用此 ID 号在 passwd 中查找用户全名。

```
$ more who_is
#!/bin/sh
# who_is
grep $1 passwd | awk -F: {print $4}
```

14) 特定变量参数

特定变量指那些 shell 脚本中的参数以及脚本运行时的一些相关控制信息,共有以下 7 个特定变量:

- $# ——传递到脚本的参数个数。
- $* ——以一个单字符串显示所有向脚本传递的参数。与位置变量不同,此选项参数可超过 9 个。
- $$ ——脚本运行的当前进程 ID 号。
- $! ——后台运行的最后一个进程的进程 ID 号。
- $@ ——与 $# 相同,但是使用时加引号,并在引号中返回每个参数。
- $- ——显示 shell 使用的当前选项,与 set 命令功能相同。
- $? ——显示最后命令的退出状态。0 表示没有错误,其他任何值表明有错误。

特定变量的输出能让用户了解脚本的详细信息,例如传递给脚本的参数数量及当前进程 ID 号等。

4. 条件测试

写脚本时,经常要判断字符串是否相等,以及检查文件状态或是数字测试等。shell 支持对字符串、文件、数值及逻辑操作等内容的测试条件。

1) 测试文件状态

test 一般有两种格式,即

```
test condition
```

或

```
[ condition ]
```

使用方括号时，要注意在条件两边加上空格。

一般采用第二种方式，比较方便。

测试文件状态的条件表达式有很多，常用的文件状态及其含义如表 15-1 所示。

表 15-1 常用的文件状态及其含义

文 件 状 态	含 义
-a	文件存在
-b	文件存在并且是块文件
-c	文件存在并且是字符文件
-d	文件存在并且是目录
-s	文件长度大于 0、非空
-f	文件存在并且是正规文件
-w	文件存在并且可写
-L	文件存在并且符号连接
-u	文件有 suid 位设置
-r	文件存在并且可读
-x	文件存在并且可执行
file1 -nt file2	file1 的修改时间比 file2 的修改时间晚；或者是 file1 存在，file2 不存在
file1 -ot file2	file1 的修改时间比 file2 的修改时间早；或者是 file2 存在，file1 不存在

输出结果为 0 表示测试结果为真，其他结果表示测试结果为假。

例：

```
[test@test ~]$ ll test.txt
-rw-rw-r-- 1 test test 3 2008-08-22 16:30 test.txt
[test@test ~]$ [ -f test.txt ]
[test@test ~]$ echo $?
0
[test@test ~]$ [ -d test.txt ]
[test@test ~]$ echo $?
1
```

2) 逻辑操作符

逻辑操作符用于测试文件状态是否准备好，但是有时要比较两个文件的状态。shell 提供了以下三种逻辑操作用于完成此功能。

- -a：逻辑与，操作符两边均为真，则结果为真，否则为假。
- -o：逻辑或，操作符两边一边为真，则结果为真，否则为假。
- !：逻辑非，条件为假，结果为真。

例如：

```
[test@test ~]$ ll test.txt
```

```
- rw - rw - r - -  1 test test 3 2008 - 08 - 22 16:30 test.txt
[test@test ~]$ [ - f test.txt - a - s test.txt ]
[test@test ~]$ echo $?
0
```

上述代码表明 test.txt 是一个普通文件,并且内容不为空,测试成功

```
[test@test ~]$ [ - f test.txt - a - x test.txt ]
[test@test ~]$ echo $?
1
```

上述代码表明 test.txt 不可执行,所以为假。

3) 字符串测试

字符串测试是错误捕获中很重要的一部分,特别在测试用户输入或比较变量时尤为重要。

字符串测试有以下 5 种格式:

```
test "string"
test string_operator "string"
test "string" string_operator "string"
[ string_operator string ]
[ string string_operator string ]
```

这里,string_operator 可为:

- =:两个字符串相等。
- !=:两个字符串不等。
- -z:空串。
- -n:非空串。

要测试环境变量 EDITOR 是否为空,可执行如下脚本:

```
$ [ - z $ EDITOR ]
$ echo $?
1
```

非空,判断取值是否是 vi,可执行如下脚本:

```
$ [ $ EDITOR = "vi" ]
$ echo $?
1
```

用 echo 命令反馈其值,可执行如下脚本:

```
$ echo $ EDITOR
Vi
```

测试变量 var1 与变量 var2 是否相等,可执行如下脚本:

```
$ [ "$var1" = "$var2" ]
```

没有规定在设置变量时一定要用双引号,但在进行字符串比较时必须这样做,否则可能会出错,例如:

```
var1 = ""
var = "test"
```

此时,[$var1 = $var2]语句会解析成[= test],因此会出现语法错误,输出错误提示:

```
bash: [: = : unary operator expected
```

4）测试数值

测试数值可以使用许多操作符,一般格式如下:

```
"number" numeric_operator "number"
```

或者

```
[ "number" numeric_operator "number" ]
```

numeric_operator 可为以下几个值。
- -eq：数值相等。
- -ne：数值不相等。
- -gt：第一个数大于第二个数。
- -lt：第一个数小于第二个数。
- -le：第一个数小于或等于第二个数。
- -ge：第一个数大于或等于第二个数。

例如:

```
$ value = 15
$ [ $value -eq 15 ]
$ echo $?
0
$ [ $value -eq 16 ]
$ echo $?
1
```

5. 控制流结构

1) for 循环

for 循环的语法格式如下:

```
for 变量名 in 列表
do
    命令 1
    命令 2
Done
```

下面给出一个条件判断的典型示例。

```
#!/bin/bash
#forlist
for loop in 1 2 3 4 5                //注意这里是一个空格—区分
do
    echo $ loop
done
```

2）until 循环

until 循环就是通常所说的直到型循环，其语法格式如下：

```
until 条件
do
    命令
done
```

下面给出一个 until 循环的典型示例。

```
#!/bin/sh
#until_mon
part = "/backup"
LOOK_OUT = 'df |grep " $ part" |awk '{print $ 5}'|sed 's/%//g''
echo $ LOOK_OUT
until[" $ LOOK_OUT" -GT "90"]
do
    echo "Filesystem/backup is nearly full"|mail root
done
```

3）while 循环

while 循环的语法格式如下：

```
while 命令
do
    命令 1
    命令 2
done
```

下面给出一个 while 循环的典型示例。

```
#!/bin/bash
#whileread
echo "按 Ctrl+D 退出输入."
while echo -n "输入你最喜欢的电影: "; read FILM
do
    echo "yes,$FILM 是一部好电影!"
done
```

4) 使用 break 和 continue 控制循环

使用 break 语句跳出循环的例子如下。

```
$ cat breakexample.sh
#!/bin/sh
while ;
do
    read string
    if [ $? != 0]; then
        break
    fi
done
```

该脚本将一直执行,除非按下 Ctrl 键。

下面是一个使用 continue 语句跳出循环的例子。

```
$ cat breakexample.sh
#!/bin/sh
for ((i=0; i<20; i=$i+1))
do
    echo -n $i
    if [ $i -lt 10]; then
        echo ''
        continue
    fi
    echo 'this is a two digital numeric'
done
```

5) if-then-else 语句

if-then-else 语句的语法格式如下:

```
if 条件 1
then
    命令 1
elif 条件 2
then
    命令 2
else
```

```
    命令 3
fi
```

下面给出一个 if-then-else 语句的典型示例。

```
#!/bin/bash
# if test
if ["10" -lt "12"]
then
    echo 10 is less than 12
fi
```

6) case 语句

case 语句的语法格式如下:

```
case 值 in
模式 1)
    命令 1
    ;;
模式 2)
    命令 2
    ;;
esac
```

下面给出一个 case 语句的典型示例。

```
#!/bin/bash
# case select
echo -n "Enter a number from 1 to 3:"
read ANS
case $ANS in
1)
echo "You select 1"
;;
2)
echo "You select 2"
;;
3)
echo "You select 3"
;;
*)
echo "'basename $0' : This is not between 1 and 3 ">&2
exit;
;;
esac
```

shell 程序

6. shell 内嵌命令

shell 内嵌命令是在实际 B-shell 里创建的,而不是存在于/bin 或 usr/bin 目录里。嵌入命令比系统里的相同命令执行得快。

下面给出标准的内嵌命令。

: :空,永远返回为 true。

. :从当前 shell 中执行操作。

break:退出 for、while、until 或 case 语句。

cd:改变到当前目录。

continue:执行循环的下一步。

echo:反馈信息到标准输出。

eval:读取参数,执行结果命令。

exec:执行命令,但不在当前 shell 中。

exit:退出当前 shell。

export:导出变量,使当前 shell 可利用它。

pwd:显示当前目录。

read:从标准输入读取一行文本。

readonly:使变量为只读。

return:退出函数并带有返回值。

set:控制各种参数到标准输出的显示。

shift:命令行参数向左偏移一个。

test:评估条件表达式。

times:显示 shell 运行过程的用户和系统时间。

trap:当捕获信号时运行指定命令。

ulimit:显示或配置 shell 资源。

umask:显示或配置默认文档创建模式。

unset:从 shell 内存中删除变量或函数。

wait:等待直到子进程运行完毕,报告终止。

上面介绍的都是常用的也是比较简单的 shell 命令,关于一些高级的命令在此就不再叙述,读者可以查看相关书籍。

7. shell 函数

shell 允许将一组命令集或语句形成一个可用块,这些块称为 shell 函数。函数由两部分组成:函数标题和函数体。

标题是函数名,函数体是函数内的命令集合。标题名应该唯一,如果不是,将会混淆结果,因为脚本在查看调用脚本前将首先搜索函数调用响应的 shell。

1) shell 函数的语法格式

```
函数名()
{
    命令 1
```

```
    ...
}
```

或者：

```
函数名() {
    命令 1
    ...
}
```

两种方式都可行。如果愿意，可在函数名前加上关键字 function，这取决于使用者需求。例如：

```
function 函数名()
{...
}
```

2）在脚本中定义函数

以下是一个简单函数：

```
hello()
{
    echo "Hello there today's date is 'date'"
}
```

3）在脚本中使用函数

```
$ vi func1.sh
#!/bin/bash
hello()
{
    echo "hello there today's date is 'date'"
}
Hello
```

运行脚本：

```
$ sh func1.sh
Hello there today's date is Tue Sep 11 11:41:21 CST 2007
```

15.4　程序示例

```
#!/bin/sh
#backup.sh
backupdir()
```

```
{
  dirtest
  echo "Backupping…"
  tar zcvf /tmp/backup.tar.gz $ DIRECTORY
}
restoredir()
{
  dirtest
  echo "Restoring…"
  tar xzvf /tmp/backup.tar.gz
}
dirtest()
{
    echo -e "Please enter the directory name of backup file:\c"
    read DIRECTORY
    echo $ DIRECTORY
    if [ ! -d $ DIRECTORY ]
    then
    echo "Sorry, $ DIRECTORY is not a directory"
    exit 1
    fi
    cd $ DIRECTORY
}
clear
ANS = Y
while [ $ ANS = Y -o $ ANS = y ]
do
echo "===================================="
echo "            Backup-Restore Menu            "
echo "===================================="
echo "++++++++++++++++++++++++++++++++++++"
echo "            1:Backup Directory            "
echo "            2:Restore Directory           "
echo "            0:Exit                        "
echo "++++++++++++++++++++++++++++++++++++"
echo -e "Please enter a choice(0--2):\c"
read CHOICE
case " $ CHOICE" in
1)backupdir;;
2)restoredir;;
0)exit 1;;
*)echo "Invalid Choice!"
exit 1;;
esac
if [ $ ? -ne 0 ]
then
    echo "Program encounter error!"
exit 2
```

```
else
    echo "Operate successfully!"
fi
echo – e "Would you like to continue? Y/y to Continue,any other key to exit:\c"
read ANS
clear
done
```

15.5 实 验 结 果

示例程序的运行界面如图 15-1 所示。

图 15-1　示例程序的运行界面

选择 1 并输入相关的目录,则备份该目录;选择 2 则会实现目录的恢复;若选择 0 则会退出该程序。

附录 A Linux 中 C 语言编译器 GCC 的使用

A.1 实验目的

(1) 复习 C 语言程序的基本知识。
(2) 练习并掌握 Linux 提供的 vi 编辑器来编译 C 程序。
(3) 学会利用 GCC(cc)编译及运行 C 程序。

A.2 实验内容

(1) 用 vi 编写一个简单的、显示"Hello,World!"的 C 程序,用 GCC 编译并观察编译后的结果。
(2) 运行生成的可执行文件。

A.3 实验准备

1. C 语言简介

Linux 中包含很多软件开发工具,其中的很多是用 C 和 C++ 语言开发的。C 语言是一种在 Linux 早期就被广泛使用的通用编程语言。它最早是由 Bell 实验室的 Dennis Ritchie 为了 Linux 的辅助开发而写的,从此 C 语言就成为世界上使用最广泛的计算机语言。C 语言能在编程领域里得到如此广泛支持的原因有如下几个。

(1) 它是一种非常通用的语言,并且它的语法和函数库在不同的平台上都是统一的,对开发者非常有吸引力。
(2) 用 C 语言编写的程序,其执行速度很快。
(3) C 语言是所有版本 Linux 上的系统语言。

2. 文件编辑器 vi

vi 是在 Linux 上被广泛使用的中英文编辑软件,是 Linux 提供给用户的一个窗口化编辑环境。进入 vi,直接执行 vi 编辑程序即可。例如:

```
$ vi test.c
```

显示器出现 vi 的编辑窗口,同时 vi 会将文件复制一份至缓冲区(buffer)。vi 先对缓冲区的文件进行编辑,保留在磁盘中的文件则不变。编辑完成后,使用者可决定是否要取代原来的文件。

vi 提供两种工作模式:输入模式(Insert Mode)和命令模式(Command Mode)。使用者进入 vi 后,即处在命令模式下,此刻键入的任何字符皆被视为命令,可进行删除、修改、存盘等操作。要输入信息,应转换到输入模式。

1) 命令模式

在输入模式下,按 Esc 可切换到命令模式。命令模式下,可选用下列指令离开 vi。

:q!——离开 vi,并放弃刚在缓冲区内编辑的内容。

:wq——将缓冲区内的资料写入磁盘中,并离开 vi。

:ZZ——指令功能等同于:wq。

:x——指令功能等同于:wq。

:w——将缓冲区内的资料写入磁盘中,但并不离开 vi。

:q——离开 vi,若文件被修改过,则需确认是否放弃修改的内容,此指令可与:w 配合使用。

2) 命令模式下光标的移动

H:左移一个字符。

J:下移一个字符。

K:上移一个字符。

L:右移一个字符。

0:移至该行的首。

$:移至该行的末。

^:移至该行的第一个字符处。

H:移至窗口的第一列。

M:移至窗口中间那一列。

L:移至窗口的最后一列。

G:移至该文件的最后一列。

W、W:下一个单词（W 忽略标点）。

B、B:上一个单词（B 忽略标点）。

+:移至下一列的第一个字符处。

-:移至上一列的第一个字符处。

(:移至该句首。

):移至该句末。

{:移至该段首。

}:移至该段末。

NG:移至该文件的第 n 列。

N+:移至光标所在位置之后的第 n 列。

n:移至光标所在位置之前的第 n 列。

Ctrld:向下半页。

Ctrlf：向下一页。
Ctrlu：向上半页。
Ctrlb：向上一页。

3）输入模式

输入以下命令即可进入 vi 输入模式。

a(append)：在光标之后加入资料。

A：在该行之末加入资料。

i(insert)：在光标之前加入资料。

I：在该行之首加入资料。

o(open)：新增一行于该行之下，供输入资料用。

O：新增一行于该行之上，供输入资料用。

Dd：删除当前光标所在行。

X：删除当前光标字符。

X：删除当前光标之前的字符。

U：撤销。

F：查找。

s：替换，如将文件中的所有 FOX 换成 duck，用：

```
":%s/FOX/duck/g"
```

ESC：离开输入模式。

更多用法可查看 vi 帮助的命令。

3. GNU C 编译器

Linux 上可用的 C 编译器是 GNU(GNU's Not UNIX) C 编译器，它建立在自由软件基金会编程许可证的基础上，因此可以自由发布。Linux 上的 GNU C 编译器(GCC)是一个全功能的 ANCI C 兼容编译器。通过 GCC，由 C 源代码文件生成可执行文件的过程要经历 4 个阶段，分别是预处理、编译、汇编和链接。不同的阶段分别调用不同的工具来实现，如图 A-1 所示。

图 A-1 GCC 的执行过程

1）使用 GCC

通常在使用 GCC 编译器时后跟一些选项和文件名。GCC 命令的基本用法如下：

```
gcc [选项] 源文件 [目标文件]
```

命令行选项指定编译过程中的具体操作。

2) GCC 常用选项

GCC 有超过 100 个的编译选项可用,这些选项中的许多可能永远都不会用到,但一些主要的选项将会被频繁使用。很多的 GCC 选项包括一个以上的字符,因此必须为每个选项指定各自的连字符,并且就像大多数 Linux 命令一样不能在一个单独的连字符后跟一组选项。

GCC 常用的选项说明如下:

-o file:编译产生的文件以指定的文件名保存。如果 file 没有指定,默认文件名为 a.out。

-I:在 GCC 的头文件搜索路径中添加新的目录。

-L:在 GCC 的库文件搜索路径中添加新的目录。

-c:GCC 仅把源代码编译为目标代码,而不进行函数库链接。完成后输出一个与源文件名相同的,但扩展名为.o 的目标文件。

-O,-O1:GCC 对源代码进行基本优化,编译产生尽可能短、执行尽可能快的代码,但是在编译的过程中,会花费更多的时间和内存空间。

-O2:较-O 选项执行更进一步的优化,但编译过程的开销更大。

-g:在编译产生的可执行文件中附加上 GDB 使用的调试信息。

-w:禁止所有的警告。不建议使用此选项。

-Wall:使 GCC 产生尽可能多的警告信息,对找出常见的隐式编程错误有帮助。

-v:显示编译器路径、版本及执行编译的过程。

当不用任何选项编译一个程序时,GCC 将建立(假定编译成功)一个名为 a.out 的可执行文件。例如:

```
gcc test.c
```

或

```
gcc - o foo test.c
```

将 test.c 文件编译后生成 foo 的可执行文件。

GCC 也可以指定编译器处理步骤有多少。-c 选项告诉 GCC 仅把源代码编译为目标代码而跳过汇编和连接步骤。该选项使用得非常频繁,因为它在编译多个 C 语言程序时速度更快且更易于管理。默认时 GCC 建立的目标代码文件有一个.out 的扩展名。

3) 执行文件

格式:

```
./可执行文件名
```

例如:

```
./a.out
./count
```

A.4 程序示例

通过 vi 编辑器,创建 greet.c。

```
> vi greet.c
```

通过输入 i,进入编辑模式,然后输入如下代码。

```
main()
{
printf("Hello,world!\n");
}
```

输入完成后,按 Esc 键可切换到命令模式,保存后退出。

```
> wq
```

A.5 实验结果

1. 编译代码

```
> gcc - o greet greet.c
```

2. 执行代码

```
>./greet
```

附录 B Linux 中 C 语言调试器 GDB 的使用

B.1 实验目的

(1) 掌握最常用的代码调试器 GDB 的使用方法。
(2) 掌握调试代码的基本方法,设置断点,查看变量。

B.2 实验内容

(1) 用 vi 编写一个 C 语言程序。
(2) 利用 GDB 调试该程序。

B.3 实验准备

1. GDB 的简介

GDB 是 GNU 开源组织发布的一个强大的 UNIX 下的程序调试工具。或许,大家比较喜欢那种图形界面方式的,像 Visual C++、C++ Builder 等 IDE(Integrated Development Environment,集成开发环境)的调试,但如果在 UNIX 平台下开发软件,则会发现 GDB 这个调试工具有比 Visual C++、C++ Builder 的图形化调试器更强大的功能。所谓"寸有所长,尺有所短"就是这个道理。一般来说,GDB 主要帮忙用户完成下面 4 方面的功能。

(1) 启动程序,可以按照用户自定义的要求随心所欲地运行程序。
(2) 可让被调试的程序在用户所指定的调置的断点处停住(断点可以是条件表达式)。
(3) 当程序被停住时,可以检查此时用户的程序中所发生的事。
(4) 动态地改变用户程序的执行环境。

2. GDB 的使用

一般来说,GDB 主要调试的是 C/C++ 的程序。要调试 C/C++ 的程序,首先在编译时,必须要把调试信息加到可执行文件中。使用编译器(cc/gcc/g++)的-g 参数可以做到这一点。如:

```
> gcc - g hello.c - o hello
> g++ - g hello.cpp - o hello
```

如果没有-g，将看不见程序的函数名、变量名，所代替的全是运行时的内存地址。

1) 启动 GDB

(1) gdb program。

program 也就是用户的执行文件，一般在当前目录下。

(2) gdb core。

用 GDB 同时调试一个运行程序和 core 文件，core 是程序非法执行后核心转储（Core Dump）后产生的文件。

(3) gdb PID。

如果用户的程序是一个服务程序，那么用户可以指定这个服务程序运行时的进程 ID。GDB 会自动贴(attach)上去，并调试它。程序应该在 PATH 环境变量中搜索到。

GDB 启动时，可以加上一些 GDB 的启动开关，详细的开关可以用 gdb -help 查看。

2) 暂停/恢复程序运行

调试程序中，暂停程序运行是必需的，GDB 可以方便地暂停程序的运行。用户可以设置让程序在哪行停住、在什么条件下停住以及在收到什么信号时停住等条件。以便于用户查看运行时的变量，以及运行时的流程。

当进程被 GDB 停住时，用户可以使用 info program 来查看程序是否在运行、进程号以及被暂停的原因。

在 GDB 中，可以有以下几种暂停方式：断点(BreakPoint)、观察点(WatchPoint)、捕捉点(CatchPoint)、信号(Signals)、线程停止(Thread Stops)。如果要恢复程序运行，可以使用 c 或是 continue 命令。下面主要介绍断点和观察点的设置。

(1) 设置断点

break 命令（可以简写为 b）可以用来在调试的程序中设置断点，该命令有如下 4 种形式：

① break line-number：使程序恰好在执行给定行之前停止。

② break function-name：使程序恰好在进入指定的函数之前停止。

③ break line-or-function if condition：如果 condition（条件）是真，程序到达指定行或函数时停止。

④ break routine-name：在指定例程的入口处设置断点。

如果该程序是由很多原文件构成的，用户可以在各个原文件中设置断点，而不是在当前的原文件中设置断点，其方法如下：

```
(gdb) break filename:line-number
(gdb) break filename:function-name
```

要想设置一个条件断点，可以利用 break if 命令，如下所示：

```
(gdb) break line-or-function if expr
```

例如：

```
(gdb) break 46 if testsize == 100
```

从断点继续运行 countinue 命令。

(2) 设置观察点。

观察点一般用来观察某个表达式(变量也是一种表达式)的值是否有变化,如果有变化,则马上停住程序。有以下几种方法可用来设置观察点。

```
watch
```

为表达式(变量)expr 设置一个观察点。一量表达式值有变化时,马上停住程序。

```
rwatch
```

当表达式(变量)expr 被读时,停住程序。

```
awatch
```

当表达式(变量)的值被读或被写时,停住程序。

```
info watchpoints
```

列出当前所设置了的所有观察点。

(3) 维护停止点

① 显示当前 GDB 的断点信息。

```
(gdb) info break
```

执行后,会以如下的形式显示所有的断点信息:

```
Num Type Disp Enb Address What
1 breakpoint keep y 0x000028bc in init_random at qsort2.c:155
2 breakpoint keep y 0x0000291c in init_organ at qsort2.c:168
```

② 删除指定的某个断点。

```
(gdb) delete breakpoint 1
```

该命令将会删除编号为 1 的断点,如果不带编号参数,将删除所有的断点。

```
(gdb) delete breakpoint
```

③ 禁止使用某个断点。

```
(gdb) disable breakpoint 1
```

该命令将禁止断点 1,同时断点信息的（Enb）域将变为 n。
④ 允许使用某个断点。

```
(gdb) enable breakpoint 1
```

该命令将允许断点 1,同时断点信息的（Enb）域将变为 y。
⑤ 清除原文件中某一代码行上的所有断点。

```
(gdb)clean number
```

注：number 为原文件的某个代码行的行号。
（4）恢复程序运行。
当程序被停住后,使用 continue 命令恢复程序的运行直到程序结束,或下一个断点到来。也可以使用 step 或 next 命令单步跟踪程序。

```
continue [ignore-count]
c [ignore-count]
fg [ignore-count]
```

恢复程序运行,直到程序结束,或是下一个断点到来。ignore-count 表示忽略其后的断点次数。continue、c、fg 三个命令都是一样的意思。
（5）单步调试。
使用 step 命令进行单步跟踪,如果有函数调用,它会进入该函数。进入函数的前提是,此函数被编译有 debug 信息。很像 VC 等工具中的 step in。后面可以加 count 也可以不加,不加表示一条条地执行,加表示执行后面的 count 条指令,然后再停住。

同样使用 next 命令进行单步跟踪,如果有函数调用,它不会进入该函数。很像 VC 等工具中的 step over（单步跳过）命令。后面可以加 count 也可以不加,不加表示一条条地执行,加表示执行后面的 count 条指令,然后再停住。

使用 finish 命令运行程序,直到当前函数完成返回。并打印函数返回时的堆栈地址和返回值及参数值等信息。

使用 until 或 u 命令可以运行程序直到退出循环体。
（6）变量的检查和赋值。
- whatis：识别数组或变量的类型。
- ptype：比 whatis 的功能更强,它可以提供一个结构的定义。
- set variable：将值赋予变量。
- print：除了显示一个变量的值外,还可以用来赋值。

B.4　程序示例

源程序：test.c

```c
#includes <stdio.h>
int func(int n)
{
    int sum = 0, i;
    for(i = 0; i
    {
        sum += i;
    }
    return sum;
}
main()
{
    int i;
    long result = 0;
    for(i = 1; i <= 100; i++)
    {
        result += i;
    }
    printf("result[1 - 100] = %d \n", result);
    printf("result[1 - 250] = %d \n", func(250));
}
```

B.5 实 验 结 果

首先编译生成执行文件 test：(Linux 下)。

```
> gcc -g test.c -o test
```

然后使用 GDB 调试器对 test 程序进行调试。

```
> gdb test <---------- 启动 GDB
GNU gdb 5.1.1
Copyright 2002 Free Software Foundation, Inc.
GDB is free software, covered by the GNU General Public License, and you are
welcome to change it and/or distribute copies of it under certain conditions.
Type "show copying" to see the conditions.
There is absolutely no warranty for GDB. Type "show warranty" for details.
This GDB was configured as "i386 - suse - linux"...
(gdb) list <--------------------- list 命令,从第 1 行开始显示源码
1  #include <stdio.h>
2
3  int func(int n)
4  {
5     int sum = 0, i;
6     for(i = 0; i
```

```
7 {
8   sum += i;
9 }
10  return sum;
(gdb) <---------------------- 直接按 Enter 键表示重复上一次命令
11 }
12
13
14 main()
15 {
16  int i;
17  long result = 0;
18  for(i = 1; i <= 100; i++)
19  {
20   result += i;
(gdb) break 16 <---------------------- 设置断点,在源程序的第 16 行处
Breakpoint 1 at 0x8048496: file test.c, line 16.
(gdb) break func <---------------------- 设置断点,在函数 func()的入口处
Breakpoint 2 at 0x8048456: file test.c, line 5.
(gdb) info break <---------------------- 查看断点信息
Num Type       Disp Enb Address    What
1  breakpoint keep y  0x08048496 in main at test.c:16
2  breakpoint keep y  0x08048456 in func at test.c:5
(gdb) run <---------------------- 运行程序
Starting program: /home/test
Breakpoint 1, main() at test.c:17 <---------- 在断点处停住
17  long result = 0;
(gdb) next <---------------------- 单条语句执行
18  for(i = 1; i <= 100; i++)
(gdb) next
20   result += i;
(gdb) next
18  for(i = 1; i <= 100; i++)
(gdb) next
20   result += i;
(gdb) continue <---------------------- 继续运行程序
Continuing.
result[1-100] = 5050 <---------- 程序输出

Breakpoint 2, func (n = 250) at test.c:5
5  int sum = 0,i;
(gdb) n
6  for(i = 1; i <= n; i++)
(gdb) print i <---------------------- 打印变量 i 的值
$1 = 134513808
(gdb) next
8   sum += i;
(gdb) next
```

```
        6   for(i = 1; i <= n; i++)
(gdb) print sum
$ 2 = 1
(gdb) next
        8   sum += i;
(gdb) print i
$ 3 = 2
(gdb) next
        6   for(i = 1; i <= n; i++)
(gdb) print sum
$ 4 = 3
(gdb) bt  <---------------------- 查看函数堆栈
#0  func(n = 250) at test.c:5
#1  0x080484e4 in main() at test.c:24
#2  0x400409ed in __libc_start_main() from /lib/libc.so.6
(gdb) finish <--------------------- 退出函数
Run till exit from #0 func(n = 250) at test.c:5
0x080484e4 in main() at test.c:24
24    printf("result[1 - 250] = %d \n", func(250));
Value returned is $ 6 = 31375
(gdb) continue <------------------- 继续运行
Continuing.
result[1 - 250] = 31375 <---------- 程序输出

Program exited with code 027. <-------- 程序退出，调试结束
(gdb) quit <---------------------- 退出 GDB
>
```

附录 C Visual C++ 集成开发环境

C.1 开发环境

从程序菜单中选择运行 Visual C++ 6.0,就可以进入 Visual Studio 的 IDE 之中,启动 Visual C++ 6.0 后,就会出现与图 C-1 类似的界面。

图 C-1　Visual C++ 6.0 集成开发环境界面

Visual C++ 6.0 的 IDE 包括标题栏、菜单栏、工具栏、工作区、源代码窗口、输出窗口等。主框架窗口的最上端为标题栏,用来显示应用程序名和当前打开的文件名。标题栏的下方是菜单栏和工具栏。工具栏的下面是工作区、源代码窗口、输出窗口等。在工作区中可以通过文件、类、资源 3 种方式来了解项目的有关信息,源代码窗口中显示当前打开的文件。可以通过它来编辑项目的源代码文件,输出窗口主要用于输出程序的编译、链接和调试信息。

C.2　IDE 菜单介绍

菜单栏由多个顶级菜单项组成,用户可以通过鼠标或者键盘的快捷键来选择顶级菜单项。选中菜单项后,即弹出下拉式菜单,每个下拉式菜单又有多个菜单项,用于执行相应的功能和命令。

有些菜单项右边有相应的快捷键,按快捷键组合后能直接响应菜单命令,从而避免进入多层菜单的麻烦,可方便、快捷地执行菜单功能。有些菜单项后面带有省略号,表示选择该菜单项后将弹出一个对话框;有些菜单项后面带有三角符号,表示光标指向该菜单项时将弹出子菜单;有些菜单项灰色显示,表示这些菜单项当前不可用。

1. File 菜单

(1) New 菜单命令。

New 菜单命令用于打开 New 对话框,从 New 对话框可以建立一个新文件、项目或其他文件。

(2) Open 菜单命令。

Open 菜单命令用于打开一个已有的文件。当选择 Open 菜单命令时将弹出 Open 对话框,可以从该对话框中选择目录及目录下的文件。

(3) Close 菜单命令。

Close 菜单命令用于关闭当前的窗口。如果该窗口有未存盘数据,会显示对话框,提醒用户存盘,用户不必担心文档数据会丢失。

(4) Open Workspace 菜单命令。

与 Open 菜单命令类似,Open Workspace 菜单命令用于打开一个项目命令,将弹出 Open Workspace 对话框。

(5) Save Workspace 菜单命令。

Save Workspace 菜单命令用于保存打开的项目工作区中各个文件的内容。

(6) Close Workspace 菜单命令。

与 Close 菜单命令类似,Close Workspace 菜单命令用于关闭打开的项目工作区。如果该项目中的文件有未存盘数据,会显示对话框,询问是否需要存盘。

(7) Save 菜单命令。

Save 菜单命令用于将当前窗口中的内容保存到与该窗口相关联的文件中。

(8) Save As 菜单命令。

选择 Save As 菜单命令,将弹出 Save As 对话框,可以在 Save As 对话框中指定目录和文件名来保存当前窗口的内容。

(9) Save All 菜单命令。

Save All 菜单命令用于保存所有打开的窗口的内容。如果有新窗口,将显示 Save as 对话框。

(10) Rename 菜单命令。

Rename 菜单命令用于将当前窗口中的文件重新命名。

(11) Page Setup 菜单命令。

Page Setup 菜单命令用于页面设置。可对被打印页设置页眉和页脚、顶端、底端和打印边界。

(12) Print 菜单命令。

Print 菜单命令用于打印欲选择的窗口的内容。选择该菜单命令将弹出 Print 对话框，可以对打印机类型和打印范围进行设置。

(13) Recent Files 菜单命令。

Recent Files 菜单命令的子菜单显示 4 个最近被编辑的文件的文件名。双击文件名可以打开该文件。

(14) Recent Workspaces 菜单命令。

Recent Workspaces 菜单命令的子菜单显示 4 个最近被打开过的项目的名称。双击项目名可以打开该项目。

(15) Exit 菜单命令。

选择 Exit 菜单命令将退出 Visual C++ 6.0 开发环境。在退出之前，会自动提示用户保存打开文件的内容。

2. Edit 菜单

(1) Undo 菜单命令。

Undo 菜单命令用于取消最近的编辑命令。取消命令的数量由 Undo 缓冲区的大小决定。

(2) Redo 菜单命令。

Redo 菜单命令用于恢复 Undo 菜单命令所做的工作。

(3) Cut 菜单命令。

Cut 菜单命令用于删除被选中的文本部分，将其复制到剪贴板上。

(4) Copy 菜单命令。

Copy 菜单命令用于将被选择的文本部分复制到剪贴板上。

(5) Paste 菜单命令。

Paste 菜单命令用于将剪贴板上的内容粘贴到光标所在的部位。

(6) Delete 菜单命令。

Delete 菜单命令用于删除被选中的文本部分。

(7) Find 菜单命令。

Find 菜单命令用于在当前文件中查找文本。

(8) Find in Files 菜单命令。

Find in Files 菜单命令用于在所选的系列文件中查找文本。

(9) Replace 菜单命令。

Replace 菜单命令用于替换当前文件中的文本。

（10）Go To 菜单命令。

Go To 菜单命令用于快速将光标移到指定位置。

3. View 菜单

（1）ClassWizard 菜单命令。

选择 ClassWizard 菜单命令后，将弹出 MFC ClassWizard 对话框，可帮助在程序中创建一个新类、定义消息处理函数、重载虚拟函数等。

（2）Resource Symbols 菜单命令。

选择 Resource Symbols 菜单命令后，将弹出 Resource Symbols 对话框，可以在该对话框中修改资源的 ID 号。

（3）Full Screen 菜单命令。

用 VC 编辑窗口扩大到整个屏幕。

（4）WorkSpacc 菜单命令。

WorkSpacc 菜单命令用于显示项目工作区窗口。

（5）InfoViewer Topic 菜单命令。

InfoViewer Topic 菜单命令用于显示"InfoViewer Topic"窗口，显示帮助信息。

（6）Output 菜单命令。

Output 菜单命令用于显示程序编译、运行结果。

（7）Debug Window 菜单命令。

Debug Window 菜单命令用于选择调试窗口项。

（8）Refresh 菜单命令。

Refresh 菜单命令用于刷新屏幕。

（9）Properties 菜单命令。

Properties 菜单命令用于显示所选对象的属性对话框。

4. Insert 菜单

Insert 菜单主要用于创建新的类、表单或资源，也可以通过对菜单项的选择将已有文件插入当前文件中或将新的 ATL 对象插入项目中。

（1）New Class 菜单命令。

打开 New Class 对话框，用于创建新的类库。

（2）New Form 菜单命令。

打开 New Form 对话框，用于创建新的表单。

（3）Resource 菜单命令。

打开 Insert Resource 对话框，用于向项目中插入资源。

（4）Resource Copy 菜单命令。

复制选定的资源。

（5）File As Text 菜单命令。

打开 Insert File 对话框，用于将已有文件的内容插入到当前文件中。

（6）New ATL Objects 菜单命令。

启动 ATL 项目向导，用于将新的 ATL 对象插入到项目中。

5. Project 菜单

Project 菜单主要用于项目和工作区的管理,用于向当前项目内插入类、资源和文件。

(1) Select Active Project 菜单命令。

选择当前工作区的活动项目。

(2) Add To Project 菜单命令。

向项目中添加文件、文件夹、数据链接以及组件等。

(3) Dependencies 菜单命令。

设置项目之间的依赖关系。

(4) Settings 菜单命令。

对项目进行多种设置。

(5) Export Makefile 菜单命令。

以.MAK 格式导出可建立的项目。

(6) Insert Project into Workspace 菜单命令。

向工作区中插入项目。

6. Build 菜单

(1) Compile 菜单命令。

编辑当前的源代码文件。

(2) Build 菜单命令。

编译当前的可执行文件。

(3) Rebuild All 菜单命令。

重新编译项目中所有的文件。

(4) Execute 菜单命令。

执行编译成功的文件。

7. Debug 菜单

启动 Visual C++ 6.0 的调试器后,集成开发环境中的 Build 菜单将被 Debug 菜单取代,Debug 菜单中包括了调试过程中常要用到的命令。

(1) Go 命令。

开始程序的调试,程序运行到断点或一直到结束。

(2) Restart 命令。

重新开始程序的调试,在调试过程中修改了语句中的错误后,常会使用 Restart 命令,从而确定程序是否按自己期望的结果运行。

(3) Start Without Debugging 菜单命令。

程序直接运行到结束,中间不进行调试。

(4) Break 菜单命令。

暂停当前程序的执行。

(5) Apply Code Changes 菜单命令。

调试过程中把对代码进行的更改应用到源文件中。

(6) Step Into 菜单命令。

调试函数过程中单步执行下一条语句,并且能够对程序中任何可访问的函数调用进行跟踪,进入函数内部,查看其运行情况。

(7) Step Over 菜单命令。

与 Step Into 功能类似,区别在于它并不对程序中的函数调用进行跟踪,而是直接执行该调用语句。

(8) Step Out 菜单命令。

与 Step Into 配合使用,如果用 Step Into 进入了某个函数的内部,可以用此命令使程序直接向下运行,直到从函数内部返回,在函数调用语句后的语句处停止。

(9) Run to Cursor 菜单命令。

程序运行到当前光标所在的位置时停止。

(10) Step Into Specific Function 菜单命令。

单步执行选定的函数。

(11) Exceptions 菜单命令。

选择该项将弹出 Exception 对话框,显示各种异常并设置程序对异常是否停止。

(12) Threads 菜单命令。

显示程序调试过程中所有可用的线程,可以对其进行设置,挂起和恢复线程并设置焦点。

(13) Modules 菜单命令。

显示当前程序中装入的模块。

(14) Show Next Statement 菜单命令。

显示即将执行的代码行。

(15) QuickMatch 菜单命令。

查看、修改变量和表达式,也可以将其添加到观察窗口。

8. Tool 菜单

Tool 菜单中的菜单命令主要是用于定制菜单、工具箱和工具栏,设置宏等操作。

(1) Source Browser 菜单命令。

浏览项目的信息数据库。

(2) Close Source Browser File 菜单命令。

关闭被打开的浏览信息数据库。

(3) Register Control 菜单命令。

注册 OLE 控件。

(4) Error Lookup 菜单命令。

查询错误代码的具体含义。

(5) Active Control Test Container 菜单命令。

用于测试 Active 控件的容器,可在其中设置、调试 Active 控件。

(6) MFC Tracer 菜单命令。

跟踪调试应用程序,可以配置调试信息的级别。

(7) OLE/COM Object Viewer 菜单命令。

用于浏览系统中安装的所有 OLE/COM 对象的信息。

(8) Spy++菜单命令。

可以跟踪消息,显示系统中的进程、线程、窗口、窗口消息等重要信息。

(9) Customize 菜单命令。

选择该项将弹出 Customize 对话框,用户自己定制工具栏和菜单项。

(10) Options 菜单命令。

选择该项将弹出 Options 对话框,用于对 Visual C++ 6.0 的开发环境的编辑器、调试器、编译器、链接器进行设置,还可以更改相关文件路径、窗口样式等。

(11) Macro 菜单命令。

用来创建、编辑宏文件。

(12) Record Quick Macro 菜单命令。

开始进行录制宏。

(13) Play Quick Macro 菜单命令。

执行宏文件。

9. Windows 菜单

(1) New Windows 菜单命令。

打开个新窗口。

(2) Split 菜单命令。

将活动窗口分成几个区域。

(3) Close 菜单命令。

关闭当前窗口。

(4) Close ALL 菜单命令。

关闭所有打开的窗口。

(5) Next 菜单命令。

显示下一个窗口。

(6) Previous 菜单命令。

显示前一个窗口。

C.3 项目工作区

项目(Project)是 Visual C++ 编程中的一个基本概念,它由一组项目配置和一组源文件组成。新建项目时,系统会自动创建两种项目配置,即 Win32 Debug 和 Win32 Release。其中 Win32 Debug 配置包含调试信息和未优化的设置;Win32 Release 配置不包含调试信息但可以选择优化设置。

Developer Studio 用项目工作区来组织文件、项目和项目配置。项目工作区文件用于描述工作区及其内容,扩展名为.DSW。创建或打开项目工作区时,Developer Studio 会在项目工作区窗口显示项目的相关信息,如图 C-2 所示。

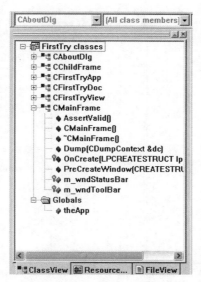

图 C-2 项目工作区窗口

项目工作区窗口由 3 个面板组成：ClassView、ResourceView 和 FileView。每个面板用于显示项目工作区中项目的不同视图，即类视图、资源视图和文档视图。

1. ClassView 面板

单击项目工作区窗口下方的 ClassView 面板，可在工作区中打开类视图。ClassView 面板用于显示项目中定义的所有 C++ 类，如图 C-2 所示。图 C-2 中显示项目中有 6 个 C++ 类：CAboutDlg、CChildFrame、CFirstTryApp、CFirstTryDoc、CFirstTryView 和 CMainFrame。

单击类名左上方的"＋"按钮，可以展开该类，例如图 C-2 中的 CMainFrame 类，下方列出的是 CMainFrame 类包含的函数名，双击某个函数名，可以直接在源代码编辑窗口中显示该函数的代码。单击类名左上方的"－"按钮，可以将类折叠起来。

用户还可以在本面板中使用快捷菜单进行定义新类、创建函数和成员变量、建立消息映射等。

2. ResourceView 面板

单击项目工作区窗口下方的 ResourceView 面板，可在工作区中打开资源视图。ResourceView 面板用于显示项目中包含的资源文件，如图 C-3 所示。双击某个资源名，可以在源代码编辑窗口中对该资源进行编辑。

3. FileView 面板

单击项目工作区窗口下方的 FileView 面板，可在工作区中打开文档视图。FileView 面板显示包含在项目中的文件，包括程序源文件、头文件、资源文件、ReadMe 文件和外部依赖文件，如图 C-4 所示。双击某个文件名，可以在源代码编辑窗口中编辑该文件。

图 C-3　ResourceView 面板　　　　图 C-4　FileView 面板

C.4　窗口控制台程序的创建

创建窗口控制台时,选择 File 菜单中的 New 子菜单,在"新建"对话框中选择 Win32 Console Application 类型项目,如图 C-5 所示。

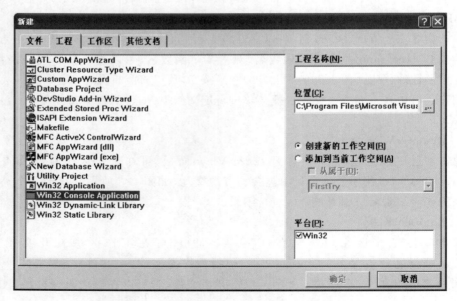

图 C-5　创建 Win32 Console Application 项目

选择 File 菜单中的 New 子菜单,在"新建"对话框中选择 C++ Source File 类型文件,如图 C-6 所示。

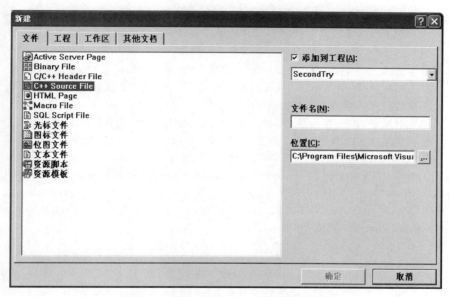

图 C-6　创建 C++ Source File 类型文件

参 考 文 献

[1] 汤子瀛,哲凤屏,汤子丹.计算机操作系统(修订版)[M].西安:西安电子科技大学出版社,2001.
[2] 张尧学,史美林,张高.计算机操作系统教程[M].北京:清华大学出版社,2006.
[3] 郁红英,李春强.计算机操作系统实验指导[M].北京:清华大学出版社,2008.
[4] 张丽芬,刘利雄,王全玉.操作系统实验教程[M].北京:清华大学出版社,2006.
[5] 张红光,蒋跃军.UNIX操作系统实验教程[M].北京:机械工业出版社,2006.
[6] 胡明庆.操作系统教程与实验[M].北京:清华大学出版社,2007.
[7] STALLING W. Operating Systems Internals and Design Principles[M]. Upper Saddle River: Prentice Hall,1998.
[8] TANENBAUM A S, WOODHULL A S. Operating Systems Design and Implementation[M]. Upper Saddle River: Prentice Hall,1997.

图书资源支持

感谢您一直以来对清华版图书的支持和爱护。为了配合本书的使用，本书提供配套的资源，有需求的读者请扫描下方的"书圈"微信公众号二维码，在图书专区下载，也可以拨打电话或发送电子邮件咨询。

如果您在使用本书的过程中遇到了什么问题，或者有相关图书出版计划，也请您发邮件告诉我们，以便我们更好地为您服务。

我们的联系方式：

地　　址：北京市海淀区双清路学研大厦 A 座 714

邮　　编：100084

电　　话：010-83470236　　010-83470237

客服邮箱：2301891038@qq.com

QQ：2301891038（请写明您的单位和姓名）

资源下载：关注公众号"书圈"下载配套资源。

资源下载、样书申请

书圈

图书案例

清华计算机学堂

观看课程直播